高等学校"十二五"重点规划教材

机械工程系列丛书

U0292944

机械工程基础实验技术

胡宏佳 谭玉华 王世刚 编著

HEUP 哈尔滨工程大学出版社

Harbin Engineering University Press

内 容 简 介

本书是高等学校机械类、机电类、仪器仪表类和近机类各专业技术基础课教材。内容包括:第1章主要介绍实验教学的地位与作用、实验体系、实验内容、实验大纲和一般方法与要求等内容;第2章介绍万能材料试验机、扭转试验机、冲击试验机等设备的工作原理、使用方法和注意事项等内容;第3章介绍力学实验项目;第4章介绍机械原理实验项目;第5章介绍机械设计实验项目;第6章介绍机械创新设计实验项目;第7章介绍机械基础教学展示中心。

本书可供高等学校工科类专业师生使用,也可供从事机械设计、计量测试等相关技术人员参考。

图书在版编目(CIP)数据

机械工程基础实验技术/胡宏佳,谭玉华,王世刚编著. —哈尔滨:
哈尔滨工程大学出版社,2011.6(2020.4重印)
ISBN 978 – 7 – 81133 – 939 – 0

Ⅰ.①机⋯　Ⅱ.①胡⋯　②谭⋯　③王⋯　Ⅲ.①机械
工程 – 实验技术　Ⅳ.①TH – 33

中国版本图书馆 CIP 数据核字(2011)第 094005 号

出版发行	哈尔滨工程大学出版社
社　　址	哈尔滨市南岗区南通大街 145 号
邮政编码	150001
发行电话	0451 – 82519328
传　　真	0451 – 82519699
经　　销	新华书店
印　　刷	北京中石油彩色印刷有限责任公司
开　　本	787mm × 1092mm　1/16
印　　张	13.5
字　　数	324 千字
版　　次	2011 年 6 月第 1 版
印　　次	2020 年 4 月第 5 次印刷
定　　价	27.00 元

http://www.hrbeupress.com
E-mail:heupress@ hrbeu. edu. cn

前 言 PREFACE

现代教育理念已从知识型教育、智能型教育走向素质教育、创新教育。高等教育在探索如何实施以人的全面发展为价值取向的素质教育的过程中,逐步认识到实验教学和理论教学具有同等重要的地位和作用。实验教学是理论知识与实践活动、间接经验与直接经验、抽象思维与形象思维、传授知识与训练技能相结合的过程。要在实验教学中培养学生的创新能力,就要重视实验教学方法,使实验课程成为学生有效的学习和掌握科学技术与研究科学理论和方法的途径,学生通过一定量有水平的实验和有计划的实验操作技能训练,可以扩大知识面增强实验设计能力,提高分析问题和解决问题的能力,培养科研协作精神,使自身素质得到全面提高。

齐齐哈尔大学机电工程学院实验教学中心,从市场经济对科技人才的素质要求出发,转变教育观念,改革传统实验教学体系和教学模式。坚持实验教学与理论教学相结合、实验教学与科学研究相结合,注重创新思维培养,鼓励个性发展的改革与发展思路。深入进行实验教学内容、体系、方法的改革,基于创新型机械类专业实验课程创新教学平台,逐步构建了适应现代高等工程教育需要的机械工程基础实验课程新体系。

《机械工程基础实验技术》是按照新的实验课程体系,根据全国著名的实验设备厂家生产的实验设备,结合作者多年的教学与研究经验、体会编写的,凝聚了机械基础学科相关教师多年教学经验,也是实验教学改革工作取得的又一成果。本书已被批准为2010年齐齐哈尔大学重点建设教材。

本书包含了机械类、机电类、仪器仪表类和近机类专业机械工程技术基础课程教学大纲规定的全部必开实验,同时增加了许多设计性、综合性和创新性实验项目。

本书由齐齐哈尔大学胡宏佳、谭玉华、王世刚编著。

参加本书编写工作的有:齐齐哈尔大学胡宏佳(第1章、第4章、第7章),王世刚(第5章),谭玉华(第2章、第3章),王宇清(第6章)。

本书在编写过程中,参考了国内一些专家学者的论著,在此表示感谢。由于编者水平所限,书中错误或不足之处在所难免,殷切希望广大读者予以批评指正。

编著者
2010 年 10 月

CONTENTS 目 录

第1章 绪 论

1.1 实验教学的地位与作用

实验是科学研究的重要方法,在工程实践中得到了广泛地应用,掌握其基本方法,具有十分重要的意义。

教育要面向未来,现代教育理念已从知识型教育、智能型教育走向素质教育、创新教育。高等教育在探索如何实施以人的全面发展为价值取向的素质教育的过程中,逐步认识到理论教学和实验教学具有同等重要的地位和作用。在实验中,需要掌握操作机器、进行仪表调试、观察现象、数据处理、书写报告等一系列实践性教学环节。这些教学环节,十分有利于智力开发、使操作技能得到训练、培养了独立工作的能力。整个实验过程贯穿着认真、正确、细致和尊重客观事实的严格要求,有效地培养了严肃认真、一丝不苟、实事求是的科学工作作风。养成这样的科学工作作风,对于今后工作更有其深远意义。

实验教学是理论知识与实践活动、间接经验与直接经验、抽象思维与形象思维、传授知识与训练技能相结合的过程。要在实验教学中培养学生的创新能力,就要重视实验教学方法,使实验课程成为学生有效的学习和掌握科学技术与研究科学理论和方法的途径,学生通过一定量的、有水平的实验和有计划的实验操作技能训练,可以达到扩大知识面,增强实验设计能力、实际操作能力,提高分析问题和解决问题的能力,培养科研协作精神,使自身素质得到全面提高。

机械工程基础实验是机械技术基础课程的重要实践环节,其教学目标是通过测定材料的力学性能为研究各种新型材料提供基本参数和依据。通过实验验证已建立的理论,增进感性知识,从而进一步深刻理解理论课的内容,明确理论、定理所适用的条件。进行实验应力分析可以检验和提高设计质量,可以提高工程结构的安全度和可靠性,并且达到减少材料消耗、降低生产成本和节约能源的要求,它还可以为发展新理论、设计新型结构、创造新工艺以及应用新材料提供依据。通过实验教学,还可以使学生认知机械设备与机械装置,掌握绘制实际机构运动简图的技能,掌握对机械参数测试的手段,培养学生的测试技能,提高学生独立思考、分析和解决问题的能力,获得实际操作的基本工程训练和对实验结果进行分析的能力。

在实践中培养学生的创新意识和创新能力尤为重要,开设具有创造性的实验对培养学生创新意识和创新素质有很大帮助,在培养学生的全局教育中起着重要作用。

实验中尽量采用先进的测试方法和数据处理方式,逐步创造启发式和开放式实验条件,使学生能自选和自行设计实验项目,提高实验能力,以适应培养新世纪人才的需要。

1.2　机械工程基础实验体系

机械工程基础课程的实验体系将遵循"力学性能测试→机械认知→机械创新实验→机械性能测试与分析实验→产品制作"的实践、理论、再实践的认知规律,并按照这五个组成部分将实验题目规划分类,建造机械工程基础实验大平台。每个实验模块包含的实验内容如下。

1.2.1　力学性能测试模块

(1)材料拉伸力学性能:测定材料弹性模量、屈服极限、强度极限等力学性能指标。

(2)材料压缩力学性能:测定材料压缩屈服极限、抗压强度极限,观察压缩时的变形和破坏现象。

(3)材料剪切性能测试:观察受剪试样的破坏特征,测定低碳钢试样在剪断时的强度极限。

(4)材料扭转力学性能:测定材料剪切屈服极限、剪切强度极限,观察试样受扭时的变形规律及其破坏特征。

(5)弯曲正应力测试:研究弯曲正应力及其分布规律,掌握电测方法和多点应变测量技术。

(6)冲击性能测试:测定材料的冲击韧度,观察比较材料的抗冲击能力和破坏断口。

(7)材料切变模量的测定:用电测法测定低碳钢的切变模量,理解剪切弹性模量的定义和变形方式。

(8)扭弯组合变形的主应力和内力的测定:测定圆管在扭弯组合变形下一点处的主应力及弯矩和扭矩,进一步掌握电测法。

(9)压杆临界压力的测定:观察压杆失稳现象,测定两端铰支压杆的临界压力,观察改变支座约束对压杆临界压力的影响。

1.2.2　机械认知实验模块

(1)机械模型展示:典型机构与零件的展示与演示。

(2)机械测绘:机构尺寸测绘,提高认识机械和分析机械的能力。

(3)轴系结构分析:轴系拆装认知,提高轴系结构的设计能力。

(4)减速器拆装:拆装、分析减速器,提高对机械设备结构的认知和工程设计能力。

(5)齿轮范成:认识齿轮加工的基本原理。

1.2.3　机械创新设计实验模块

(1)机构创意组装:直接创造搭接新机构,或将创造的机构进行实物组装。

(2)机构传动系统创新设计:对平面连杆机构、凸轮机构、间歇机构、齿轮传动机构、带(链)传动等机构进行创意设计、拼装及运动分析。

(3)轴系结构设计:通过组装设计轴系部件为正确设计机械传动装置打下基础。

（4）慧鱼模型创新设计：了解所组装的机器模型的工作原理，以及在工业中的实际用途。加深对机械传动、计算机控制和机电一体化装置的感性认识，培养逻辑思维和开拓创新的意识。

1.2.4 机械性能测试与分析模块

（1）机械运动参数与动力参数测量：测量机械的实际位移、速度、加速度、运转不均匀系数、平衡等机械性能参数。

（2）机构动态测试与设计：对曲柄导杆滑块机构、曲柄摇杆机构、凸轮机构进行多媒体测试、仿真、设计综合。

（3）带传动：测量带传动的效率，滑差率。

（4）机械传动效率测量：测量齿轮、蜗杆传动的机械效率。

（5）滑动轴承：测试液体动压滑动轴承压力分布状态与摩擦特性。

（6）机械平衡：进行刚性转子的平衡校正，提高学生使用先进设备的综合能力。

1.2.5 机械创新设计制作模块

由小型加工制作机组成，完成小型创新产品样机的制造与组装，培养学生的动手能力。

1.3 机械工程基础实验内容

1.3.1 力学部分

1. 万能材料试验机操作及拉伸、压缩示范实验

（1）了解万能材料试验机的结构及工作原理，熟悉其操作规程及正确使用方法。

（2）通过示范实验，观察低碳钢与铸铁在拉伸和压缩时的变形规律和破坏现象，并进行比较。

2. 低碳钢拉伸实验

（1）了解低碳钢材料受拉时，力与变形的关系。

（2）用机械式引伸仪测定低碳钢的弹性模量 E。

（3）测定低碳钢的屈服极限（屈服点）、强度极限（抗拉强度）、断后伸长率和断面收缩率。

3. 材料压缩实验

（1）测定低碳钢的压缩屈服极限和铸铁的抗压强度极限。

（2）观察比较低碳钢和铸铁压缩时的变形和破坏现象，并进行比较。

4. 材料剪切实验

（1）观察受剪试样的破坏特征。

（2）测定低碳钢试样在剪断时的强度极限。

5. 材料扭转实验

（1）测定低碳钢的剪切屈服极限，剪切强度极限。

（2）测定铸铁的剪切强度极限。

（3）比较低碳钢和铸铁试样受扭时的变形规律及其破坏特征。

6．材料弯曲正应力实验

（1）初步掌握电测方法和多点应变测量技术。

（2）测定梁在纯弯曲和横力弯曲下的弯曲正应力及其分布规律。

7．材料冲击实验

（1）测定低碳钢、铸铁的冲击韧度，了解金属在常温下冲击韧性指标的测定方法。

（2）观察、比较塑性材料与脆性材料的抗冲击能力和破坏断口。

8．材料切变模量的测定实验

（1）用应变电测法测定低碳钢的切变模量。

（2）理解剪切弹性模量的定义和变形方式。

9．扭弯组合变形的主应力和内力的测定实验

（1）测定圆管在扭弯组合变形下一点处的主应力。

（2）测定圆管在扭弯组合变形下的弯矩和扭矩。

（3）进一步掌握电测法。

10．压杆临界压力的测定实验

（1）观察压杆失稳现象。

（2）测定两端铰支压杆的临界压力。

（3）观察改变支座约束对压杆临界压力的影响。

1.3.2　机械原理部分

1．机构运动简图测绘实验

（1）学会绘制机构运动简图的原理和方法。

（2）掌握平面机构自由度的计算方法。

2．齿轮范成原理实验

（1）掌握用范成法制造渐开线齿轮齿廓的基本原理。

（2）了解渐开线齿轮产生根切现象的原因和避免根切的方法。

（3）分析比较标准齿轮和变位齿轮的异同点。

3．渐开线直齿圆柱齿轮参数的测定实验

（1）掌握应用游标卡尺测定渐开线直齿圆柱齿轮基本参数的方法。

（2）通过测量和计算，熟练掌握有关齿轮各几何参数之间的相互关系和渐开线性质的知识。

4．刚性转子动平衡实验

（1）掌握用动平衡机对刚性转子进行动平衡的原理和方法。

（2）巩固所学过的转子动平衡的理论知识。

5．凸轮廓线检测实验

（1）掌握凸轮廓线检测的原理和方法。

（2）巩固和加深凸轮基本理论。

6．机械运动参数测试实验

（1）通过实验，了解位移、速度、加速度的测定方法，角位移、角速度、角加速度的测定方法。

（2）通过实验，初步了解"MEC－B机械动态参数测试仪"及光电脉冲编码器、同步脉冲发生器（或称角度传感器）的基本原理，并掌握它们的使用方法。

（3）通过比较理论运动线图与实测运动线图的差异，并分析其原因，增加对速度、角速度，特别是加速度、角加速度的感性认识。

（4）比较曲柄摇杆机构与曲柄滑块机构的性能差别。

7．机械动力参数测试实验

（1）熟悉机组运转时工作阻力的测试方法。

（2）理解机组稳定运转时速度出现周期性波动的原因。

（3）理解飞轮的调速原因。

（4）了解机组启动和停车过程的运动规律。

（5）实验所得的压强－转角曲线可作为飞轮设计作业的原始数据。

8．曲柄导杆滑块、曲柄滑块机构测试、仿真及设计综合实验

（1）利用计算机分别对曲柄导杆滑块机构和曲柄滑块机构动态参数进行采集、处理，作出实测的动态参数曲线，并通过计算机对该平面机构的运动进行数模仿真，作出相应的动态参数曲线。

（2）利用计算机分别对曲柄导杆滑块机构和曲柄滑块机构结构参数进行优化设计，然后，通过计算机对该平面机构的运动进行仿真和测试分析，从而实现计算机辅助设计与计算机仿真和测试分析的有效结合，培养学生的创新意识。

（3）利用计算机的人机交互功能，使学生在软件界面说明文件的指导下，可独立自主地进行实验，培养学生的动手能力和独立工作能力。

9．曲柄摇杆机构测试、仿真及设计综合实验

（1）利用计算机对曲柄摇杆机构动态参数进行采集、处理，作出实测的动态参数曲线，并通过计算机对该平面机构的运动进行数模仿真，作出相应的动态参数曲线。

（2）利用计算机对曲柄摇杆机构结构参数进行优化设计，然后，通过计算机对该平面机构的运动进行仿真和测试分析，从而实现计算机辅助设计与计算机仿真和测试分析的有效结合，培养学生的创新意识。

（3）利用计算机的人机交互功能，使学生在软件界面说明文件的指导下，可独立自主地进行实验，培养学生的动手能力和独立工作能力。

10．凸轮机构测试、仿真及设计综合实验

（1）利用计算机对凸轮机构动态参数进行采集、处理，作出实测的动态参数曲线，并通过计算机对该机构的运动进行数模仿真，作出相应的动态参数曲线。

（2）利用计算机对凸轮机构结构参数进行优化设计，然后，通过计算机对凸轮机构的运动进行仿真和测试分析，从而实现计算机辅助设计与计算机仿真和测试分析有效的结合，培养学生的创新意识。

（3）利用计算机的人机交互功能，使学生在软件界面说明文件的指导下，可独立自主地进行实验，培养学生的动手能力和独立工作能力。

1.3.3 机械设计部分

1．螺栓组连接实验
（1）实测受翻转力矩作用下螺栓组连接中各螺栓的受力情况。
（2）深化课程学习中对螺栓组连接实际受力分析的认识。
（3）初步掌握电阻应变仪的工作原理和使用方法。
2．带传动实验
（1）观察带传动中弹性滑动和打滑现象。
（2）了解初拉力对传动能力的影响。
（3）掌握带传动扭矩、转速的测试方法。
（4）绘制出滑动曲线和效率曲线，对带传动工作原理进一步加深认识。
3．齿轮传动效率测定实验
（1）了解封闭功率流式齿轮效率实验台的结构特点和工作原理。
（2）了解齿轮传动效率的测试方法。
（3）绘制齿轮传动效率曲线，了解速度、扭矩对效率的影响。
4．蜗杆传动效率测定实验
（1）了解蜗杆传动效率的测试方法。
（2）求出蜗杆传动效率与功率之间的关系，并绘制 $\eta - T_1$ 曲线。
5．滑动轴承实验
（1）观察滑动轴承动压油膜形成过程与现象，加深对形成流体动压条件的理解。
（2）通过实验绘制出滑动轴承的特性曲线。
（3）通过实验数据与数据处理绘制出轴承径向油膜压力分布曲线及承载曲线。
6．减速器拆装实验
（1）通过拆装，了解齿轮减速器铸造箱体的结构以及轴和齿轮的结构。
（2）了解减速器轴上零件的定位和固定，齿轮和轴承的润滑、密封以及各附属零件的作用、构造和安装位置。
（3）熟悉减速器的拆装过程和调整方法。

1.3.4 机械创新设计部分

1．平面机构传动系统设计、拼装及运动分析实验
（1）认识典型机构。
（2）设计实现满足不同运动要求的传动机构系统。
（3）拼装机构系统。
（4）对运动构件进行运动检测分析（位移、速度、加速度分析）。
2．空间机构创新设计、拼装及仿真实验
（1）深入了解空间机构的组成、运动特点、结构及工程应用。

（2）培养学生的创新能力、综合设计能力和实践动手能力。

（3）掌握空间机构创新设计仿真软件的操作使用。

3．轴系结构设计实验

（1）熟悉和掌握轴的结构及其设计。

（2）掌握轴上零部件的常用定位与固定方法。

（3）掌握轴承组合设计的基本方法。

（4）综合创新轴系结构设计方案。

4．慧鱼模型创新设计实验

（1）认识了解机器的一般构成原理。

（2）了解所组装的机器模型的工作原理，以及在工业中的实际用途。

（3）加深对机械传动、计算机控制和机电一体化装置的感性认识。

（4）锻炼动手和协作能力，培养逻辑思维和开拓创新的意识。

1.3.5 机械基础教学展示中心

（1）通过对机械系统设计的展示，同时与面向 21 世纪机械基础理论课程体系和教学内容改革协调配合，着重培养学生的创新思维，开发创新潜能，使学生掌握创新设计的基本方法，从而提高学生的机械系统创新设计能力。

（2）通过机械基础模型、机构运动方案及典型机械系统结构功能的展示，使学生了解机械的组成，获得机构方案的拟订。加深对机械系统结构的感性认识，并培养学生分析问题的能力以及从具体结构抽象出机械的本质特征的能力。

（3）通过现代机构、现代机械零部件及机械系统创新设计实例的展示，使学生进一步了解机械的结构组成，得到初步的创新设计构造的思维启迪，使学生把所学理论知识与实际机械系统有机结合起来，挖掘学生设计、研究、开发新型机械产品的潜能。

1.4 机械工程基础实验大纲

1.4.1 材料力学实验大纲

课程名称	材料力学		适用专业		机械类各专业		实验学时	8
序号	实验项目名称	学时数	每组人数	必开选开	目的、要求及内容简述			备注
1	低碳钢拉伸实验	2	4	必开	了解低碳钢材料受拉时，力与变形的关系，用机械式引伸仪测定低碳钢的弹性模量，测定低碳钢的屈服极限、强度极限、断后伸长率和断面收缩率			验证性

续表

课程名称	材料力学	适用专业	机械类各专业		实验学时	8
序号	实验项目名称	学时数	每组人数	必开选开	目的、要求及内容简述	备注
2	材料压缩实验	2	4	必开	测定低碳钢的压缩屈服极限和铸铁的抗压强度极限。观察比较低碳钢和铸铁压缩时的变形和破坏现象	验证性
3	材料剪切实验	2	4	选开	观察受剪试样的破坏特征,测定低碳钢试样在剪断时的强度极限	验证性
4	材料扭转实验	2	4	必开	测定低碳钢的剪切屈服极限,剪切强度极限,测定铸铁的剪切强度极限,比较低碳钢和铸铁试样受扭时的变形规律及其破坏特征	验证性
5	材料弯曲正应力实验	2	4	选开	初步掌握电测方法和多点应变测量技术,测定梁在纯弯曲和横力弯曲下的弯曲正应力及其分布规律	验证性
6	材料冲击实验	2	4	选开	测定低碳钢、铸铁的冲击韧度,了解金属在常温下冲击韧性指标的测定方法。观察、比较塑性材料与脆性材料的抗冲击能力和破坏断口	验证性
7	材料切变模量的测定实验	2	4	选开	用应变电测法测定低碳钢的切变模量,理解剪切弹性模量的定义和变形方式	验证性
8	扭弯组合变形的主应力和内力的测定实验	2	4	选开	测定圆管在扭弯组合变形下一点处的主应力,测定圆管在扭弯组合变形下的弯矩和扭矩,进一步掌握电测法	综合性
9	压杆临界压力的测定实验	2	4	选开	观察压杆失稳现象,测定两端铰支压杆的临界压力,观察改变支座约束对压杆临界压力的影响	综合性

1.4.2 工程力学实验大纲

课程名称	工程力学	适用专业	近机类各专业	实验学时	8
序号	实验项目名称	学时数	每组人数	必开选开	目的、要求及内容简述	备注
1	低碳钢拉伸实验	2	4	必开	了解低碳钢材料受拉时,力与变形的关系,用机械式引伸仪测定低碳钢的弹性模量,测定低碳钢的屈服极限、强度极限、断后伸长率和断面收缩率	验证性
2	材料压缩实验	2	4	必开	测定低碳钢的压缩屈服极限和铸铁的抗压强度极限。观察比较低碳钢和铸铁压缩时的变形和破坏现象	验证性
3	材料剪切实验	2	4	选开	观察受剪试样的破坏特征,测定低碳钢试样在剪断时的强度极限	验证性
4	材料扭转实验	2	4	必开	测定低碳钢的剪切屈服极限,剪切强度极限,测定铸铁的剪切强度极限,比较低碳钢和铸铁试样受扭时的变形规律及其破坏特征	验证性
5	材料弯曲正应力实验	2	4	选开	初步掌握电测方法和多点应变测量技术,测定梁在纯弯曲和横力弯曲下的弯曲正应力及其分布规律	验证性
6	材料冲击实验	2	4	选开	测定低碳钢、铸铁的冲击韧度,了解金属在常温下冲击韧性指标的测定方法。观察、比较塑性材料与脆性材料的抗冲击能力和破坏断口	验证性
7	材料切变模量的测定实验	2	4	选开	用应变电测法测定低碳钢的切变模量,理解剪切弹性模量的定义和变形方式	验证性
8	扭弯组合变形的主应力和内力的测定实验	2	4	选开	测定圆管在扭弯组合变形下一点处的主应力,测定圆管在扭弯组合变形下的弯矩和扭矩,进一步掌握电测法	综合性
9	压杆临界压力的测定实验	2	4	选开	观察压杆失稳现象,测定两端铰支压杆的临界压力,观察改变支座约束对压杆临界压力的影响	综合性

1.4.3 机械原理实验大纲

课程名称	机械原理	适用专业	机械类各专业	实验学时	8
序号	实验项目名称	学时数	每组人数	必开选开	目的、要求及内容简述	备注

序号	实验项目名称	学时数	每组人数	必开选开	目的、要求及内容简述	备注
1	机构运动简图测绘实验	2	2	必开	学会绘制机构运动简图的原理和方法，掌握平面机构自由度的计算方法	验证性
2	齿轮范成原理实验	2	1	必开	掌握用范成法制造渐开线齿轮齿廓的基本原理，了解渐开线齿轮产生根切现象的原因和避免根切的方法，分析比较标准齿轮和变位齿轮的异同点	验证性
3	渐开线直齿圆柱齿轮参数的测定实验	2	2	选开	掌握应用游标卡尺测定渐开线直齿圆柱齿轮基本参数的方法，通过测量和计算，熟练掌握有关齿轮各几何参数之间的相互关系和渐开线性质的知识	验证性
4	刚性转子动平衡实验	2	4	选开	掌握用动平衡机对刚性转子进行动平衡的原理和方法，巩固所学过的转子动平衡的理论知识	验证性
5	凸轮廓线检测实验	2	4	选开	掌握凸轮廓线检测的原理和方法，巩固和加深凸轮基本理论	验证性
6	机械运动参数测试实验	2	4	选开	通过实验，了解位移、速度、加速度、角位移、角速度、角加速度的测定方法，通过比较理论运动线图与实测运动线图的差异，并分析其原因，增加对速度、角速度，特别是加速度、角加速度的感性认识，比较曲柄摇杆机构与曲柄滑块机构的性能差别	综合性
7	机械动力参数测试实验	2	4	选开	熟悉机组运转时工作阻力的测试方法。理解机组稳定运转时速度出现周期性波动的原因。理解飞轮的调速原因	综合性

续表

课程 名称	机械原理		适用 专业		机械类各专业	实验 学时	8
序 号	实验项目名称	学时数	每组 必开	选开 选开	目的、要求及内容简述		备注
8	曲柄导杆滑块、曲柄滑块机构测试、仿真及设计综合实验	2	4	选开	分别对曲柄导杆滑块机构和曲柄滑块机构动态参数进行采集、处理,作出实测的动态参数曲线,并对该平面机构的运动进行数模仿真,作出相应的动态参数曲线。分别对曲柄导杆滑块机构和曲柄滑块机构结构参数进行优化设计,对该平面机构的运动进行仿真和测试分析,从而实现计算机辅助设计与计算机仿真和测试分析的有效结合,培养学生的创新意识及动手能力和独立工作能力		综合性
9	曲柄摇杆机构测试、仿真及设计综合实验	2	4	选开	对曲柄摇杆机构动态参数进行采集、处理,作出实测的动态参数曲线,并对该平面机构的运动进行数模仿真,作出相应的动态参数曲线。对曲柄摇杆机构结构参数进行优化设计,对该平面机构的运动进行仿真和测试分析,从而实现计算机辅助设计与计算机仿真和测试分析的有效结合,培养学生的创新意识及动手能力和独立工作能力		综合性
10	凸轮机构测试、仿真及设计综合实验	2	4	选开	对凸轮机构动态参数进行采集、处理,作出实测的动态参数曲线,并对该机构的运动进行数模仿真,作出相应的动态参数曲线。对凸轮机构结构参数进行优化设计,对凸轮机构的运动进行仿真和测试分析,从而实现计算机辅助设计与计算机仿真和测试分析有效的结合,培养学生的创新意识及动手能力和独立工作能力		综合性

1.4.4 机械设计实验大纲

课程名称	机械设计		适用专业		机械类各专业	实验学时	8
序号	实验项目名称	学时数	每组人数	必开选开	目的、要求及内容简述		备注
1	螺栓组连接实验	2	4	必开	实测受翻转力矩作用下螺栓组连接中各螺栓的受力情况,深化课程学习中对螺栓组连接实际受力分析的认识,初步掌握电阻应变仪的工作原理和使用方法		综合性
2	带传动实验	2	4	必开	观察带传动中弹性滑动和打滑现象,了解初拉力对传动能力的影响,掌握带传动扭矩、转速的测试方法,绘制出滑动曲线和效率曲线		验证性
3	齿轮传动效率测定实验	2	4	选开	了解封闭功率流式齿轮效率实验台的结构特点和工作原理,了解齿轮传动效率的测试方法,绘制齿轮传动效率曲线,了解速度、扭矩对效率的影响		验证性
4	蜗杆传动效率测定实验	2	4	选开	了解蜗杆传动效率的测试方法,求出蜗杆传动效率与功率之间的关系		验证性
5	滑动轴承实验	2	4	选开	观察滑动轴承动压油膜形成过程与现象,加深对形成流体动压条件的理解,绘制出滑动轴承的特性曲线,绘制出轴承径向油膜压力分布曲线及承载曲线		验证性
6	减速器拆装实验	2	2	必开	通过拆装,了解齿轮减速器铸造箱体的结构以及轴和齿轮的结构,了解减速器轴上零件的定位和固定,齿轮和轴承的润滑、密封以及各附属零件的作用、构造和安装位置,熟悉减速器的拆装过程和调整方法		综合性

1.4.5　机械设计基础实验大纲

课程名称	机械设计基础	适用专业	近机类各专业	实验学时	8
序号	实验项目名称	学时数	每组人数	必开选开	目的、要求及内容简述	备注
1	机构运动简图测绘实验	2	2	必开	学会绘制机构运动简图的原理和方法，掌握平面机构自由度的计算方法	验证性
2	齿轮范成原理实验	2	1	必开	掌握用范成法制造渐开线齿轮齿廓的基本原理，了解渐开线齿轮产生根切现象的原因和避免根切的方法，分析比较标准齿轮和变位齿轮的异同点	验证性
3	带传动实验	2	4	选开	观察带传动中弹性滑动和打滑现象，了解初拉力对传动能力的影响，掌握带传动扭矩、转速的测试方法，绘制出滑动曲线和效率曲线	验证性
4	齿轮传动效率测定实验	2	4	选开	了解封闭功率流式齿轮效率实验台的结构特点和工作原理，了解齿轮传动效率的测试方法，绘制齿轮传动效率曲线，了解速度、扭矩对效率的影响	验证性
5	滑动轴承实验	2	4	选开	观察滑动轴承动压油膜形成过程与现象，加深对形成流体动压条件的理解，绘制出滑动轴承的特性曲线，绘制出轴承径向油膜压力分布曲线及承载曲线	验证性
6	减速器拆装实验	2	2	必开	通过拆装，了解齿轮减速器铸造箱体的结构以及轴和齿轮的结构，了解减速器轴上零件的定位和固定、齿轮和轴承的润滑、密封以及各附属零件的作用、构造和安装位置，熟悉减速器的拆装过程和调整方法	综合性

1.4.6 机械创新设计实验大纲

课程名称	机械创新设计		适用专业		近机类各专业	实验学时	不限学时
序号	实验项目名称	学时数	每组人数	必开选开	目的、要求及内容简述		备注
1	平面机构传动系统设计、拼装及运动分析实验	不限学时	4	开放	认识典型机构,设计实现满足不同运动要求的传动机构系统,拼装机构系统,对运动构件进行运动检测分析(位移、速度、加速度分析)		创新性设计性
2	空间机构创新设计、拼装及仿真实验	不限学时	4	开放	深入了解空间机构的组成、运动特点、结构及工程应用,培养学生的创新能力、综合设计能力和实践动手能力,掌握空间机构创新设计仿真软件的操作使用		创新性设计性
3	轴系结构设计实验	不限学时	4	开放	熟悉和掌握轴的结构及其设计,掌握轴上零部件的常用定位与固定方法,掌握轴承组合设计的基本方法,综合创新轴系结构设计方案		创新性设计性
4	慧鱼模型创新设计实验	不限学时	4	开放	认识了解机器的一般构成原理,了解所组装的机器模型的工作原理,以及在工业中的实际用途,加深对机械传动、计算机控制和机电一体化装置的感性认识,锻炼动手和协作能力,培养逻辑思维和开拓创新的意识		创新性设计性

1.5 机械工程基础实验一般方法与要求

针对机械工程基础实验的特点,在完成实验时,既要使用简单的仪器设备,又要使用较贵重的机器和精密仪器;既要使用通用的仪器和设备,又要较多地使用自制的设备。有些实验要求一个同学去独立完成,而有些实验要求一个实验小组的所有同学互相协作,共同完成。因此,要做好实验,必须应有严肃认真的科学态度,正确的实验方法,较强的实践动手能力及同学间的密切配合。一般而言,一个完整的实验大致可分为三个过程,即准备实验、进行实验和整理实验数据并完成实验报告。认真准备实验是做好实验、保证实验效果的先决条件;掌握实验原理并以正确的方法进行实验是顺利完成实验的关键;仔细整理实验数据并写好实验报告是对实验结果的总结和对所学知识的巩固、升华。

1.5.1 准备实验

（1）按各次实验的预习要求,认真阅读实验指导书,复习有关理论知识,明确实验目的,掌握实验原理,了解实验步骤,熟悉实验方法。

（2）对实验中所使用的机器、仪器、试验装置等应了解其工作原理,以及操作注意事项。

（3）必须清楚地知道本次实验需记录的数据项目及其数据处理的方法。事前准备好记录表格。

1.5.2 进行实验

（1）进入实验室后,严禁乱动实验设备。要认真接受指导教师对预习情况的抽查、质疑。注意听讲,听从安排,按操作规程使用机器设备。如发现故障,应及时报告指导教师,不得擅自处理。

（2）按实验要求,对实验人员进行分工,各自站好自己的岗位,做好自己的工作,高质量地完成自己所承担的实验任务。必要时还可以互换岗位,再次进行实验,使每一位同学尽可能多地得到不同环节的训练。

（3）在实验过程中,要严肃认真,相互配合,协同工作,以科学的态度,认真仔细地按实验步骤逐步进行。密切注意实验中所发生的各种现象,遇到疑问,及时询问指导教师,消除疑惑。同时要及时完整地记录实验中所产生的数据。

（4）实验完毕后,原始的实验数据记录须交指导教师审阅、确认,若不符合要求,即应重做。最后将实验中所使用的全部设备恢复到原来状态。

1.5.3 完成实验报告

实验报告是实验资料的总结和实验的最终成果。它既应具有清楚完整的原始记录,又应具有对实验结果的科学处理和分析。实验报告一般应图文并茂,既有直观明了的图形显示,又有简洁正确的文字说明。实验报告主要包括以下几个方面的内容:

（1）实验名称、日期及同组人员。

（2）实验的原始记录、实验数据的处理方法、分析依据及结论。若用图形或曲线来表示实验结果时,坐标要标清楚,比例要选择恰当,曲线应根据多点的位置并考虑误差原因,将其光滑连接。

（3）回答教师指定的思考问题。

第2章 力学试验机

2.1 液压式万能材料试验机

液压式万能材料试验机类型很多,一般只是外形不同但基本原理却是一样的。现以300 kN油压万能试验机为例,来说明其构造原理和使用方法。

2.1.1 构造原理

该试验机的构造原理示意图如图2-1所示,它由两部分组成。

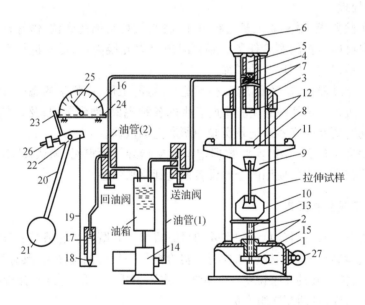

图2-1 液压式万能材料试验机原理图

1—底座;2—固定立柱;3—固定横梁;4—工作油缸;5—工作活塞;6—上横梁;7—活动立柱;
8—活动台;9—上夹头;10—下夹头;11—弯曲支座;12—上、下垫板;13—螺柱;14—油泵;
15—蜗轮;16—测力度盘;17—测力油缸;18—测力活塞;19—拉杆;20—摆杆;21—摆锤;
22—支点;23—推杆;24—齿杆;25—指针;26—平衡铊;27—下夹头电动机

1. 加载部分

在机器底座1上,装有两根固定立柱2,它支承着固定横梁3和工作油缸4,当开动油泵14时,将油液从油箱经送油管送入工作油缸,从而推动工作活塞5、上横梁6、活动立柱7和活动台8上升。若将试样两端装于上下夹头9,10中,由于下夹头固定不动,当活动台上升时便使试样发生拉伸变形,承受拉力,便可做拉伸实验;若把试样放在活动台上面的下垫板 12 上,当活动台上升时,就使试样与上垫板 12 接触而被压缩,承受压力,便可做压缩实验;若把试验梁放在活动台上的两个弯曲支座 11 上,当活动台上升时,就使试验梁的跨中和弯曲压头(取掉上垫板换成弯曲压头)接触而使试验梁承受弯曲,便可做弯曲试验;若在上、下夹头间装上拉伸式剪切器,则可对材料做剪切试验。此种试验机在输油管路中都装有进油阀门和回油阀门,进油阀门用来控制进入工作油缸中的油量,以便调节试样变形速度,回油阀门则是用来将工作油缸中的油液泄回油箱,使活动台由于自重而下落,回到原始位置。

为了适应不同长度试样要求,可开动下夹头电动机 27 转动底座中的蜗轮 15 使螺柱 13 上下移动,以调节上下夹头间的距离。但当试样夹紧或受力后,就不能再用下夹头电动机加载,否则,会将下夹头电动机烧毁或使机件损坏。

2. 测力部分

装在试验机上的试样所受力的大小,可在测力度盘 16 上直接读出。

试样受力后,工作油缸中的油具有一定的压力。这压力的大小与试样所受载荷的大小是成比例的。用测力油管将工作油缸 4 与测力油缸 17 相连通,则测力油缸就受到与工作油缸相等的油压。此油压就推动测力活塞 18 向下顶推拉杆 19,使摆杆 20 和摆锤 21 绕支点 22 转动。试样所受的力愈大,摆锤转角也愈大。摆杆转动时,它上面的推杆 23 便推动水平齿杆 24,从而使齿轮带动测力指针 25 旋转,这样便可以从测力度盘上读出试样所受力的大小。

摆锤的质量可以调换,一般试验机可以更换三种锤重,测力度盘上也相应有三种刻度。实验时,要根据试样所需载荷的大小选择合宜的测力刻度盘,并在摆杆上放置相应的摆锤。

2.1.2 操作步骤

(1)加载前,测力指针应指在刻度盘上的"零"点,否则必须加以调整。调整时,先开动油泵 14,将活动台 8 升起 1 cm 左右,然后稍微移动摆杆上的平衡铊 26,使摆杆保持铅直位置,再转动水平齿杆使指针对准"零"点。所以,先升起活动台再调整零点的原因是由于上横梁、活动立柱和活动台等有相当大的质量,要有一定的油压才能将它们升起。但是这部分油压并未用来给试样加载,不反映到试样载荷的读数中去。

(2)根据估计的最大载荷 P_{max} 选择量程并装上相应的摆锤。所选量程应使 P_{max} 在其 40% ~60% 内为宜,再按步骤(1)校准"零"点。调好缓冲器的旋扭,使之与所选量程相同。

(3)安装试样。压缩试样必须放置垫板,拉伸试样则需调整下夹头位置,使拉伸区间与试样长短相适应。但试样夹紧后,就不能调整下夹头了。

(4)调整好自动绘图器的传动装置和笔、纸等。

(5)检查送油阀和回油阀门是否处于关闭位置,如不是则应关闭。

(6)开动油泵电动机数分钟,检查运转是否正常。然后缓缓打开送油阀,用慢速加载。

(7)实验完毕,立即停车取下试样。缓缓打开回油阀,使油液泄回油箱,于是活动台便回到原始位置,最后将一切机构复原,并清理机器。

2.1.3　注意事项

（1）开车前和停车后,送油阀和回油阀一定要置于关闭位置,加载、卸载和回油均应缓慢进行。加载时,要求指针匀速平稳地旋转,严防送油阀开得过大,测力指针走得太快,致使试样受到冲击作用。

（2）机器运转时,操纵者不得离开且注意力要集中,以免发生安全事故。

（3）拉伸试样夹住后,不得再调节下夹头的位置。

（4）实验时不得触动摆锤,以免影响读数的准确性。

（5）在使用机器加载的过程中,如果听到异声或发生故障应立即停车,进行检查和修理。

2.2　机械式万能材料试验机

机械式 30 kN 万能材料试验机的结构如图 2 – 2 所示。该机加载部分为机械传动式,采用手摇施加载荷,测力部分为杠杆式。试验有四级载荷可供选择使用,载荷分级为:2 kN,5 kN,15 kN,30 kN。记录装置能自动绘出较大图面尺寸的 $P – \Delta L$ 关系曲线。该机的主要特点是体积小,质量轻、性能适用、操作方便,一般都可由学习者独立操作,对培养动手能力是很有益处的。

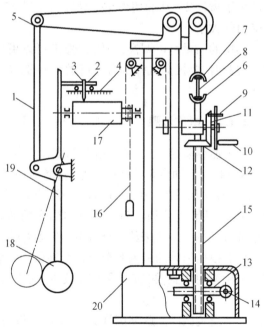

2.2.1　工作原理

拉伸试样 8 用相应的铰支卡环安装在卡具 6 和 7 之间。转动与蜗轮相连的手摇把 14,使蜗轮 13 转动。从而带动与卡具 6 相连的丝杆 15 缓慢地向下移动,试样即受到拉力。试样 8 所承受的拉力,通过不等臂杠杆 5 和拉杆 1,使带有摆锤 18 的曲柄杆 19 转到相应的平衡位置（如虚线所示）。与此同时,曲柄杆 19 将推动带有绘图笔 3 和测力指针的小车 2,使它在绘图圆筒 17 上沿测力标尺 4 向右移动,移动的大小即以一定的比例表示出试样受力的大小。另一方面,当卡具 6 拉着试样 8 向下移动时,通过滑轮并最后绕在绘图圆筒 17 上的

图 2 – 2　机械式万能试验机结构示意图

1—拉杆;2—小车;3—绘图笔;4—标尺;5—不等臂杠杆;
6,7—卡具;8—拉伸试样;9—销子;10—小摇把;
11,12—伞齿轮;13—蜗轮;14—加载手摇把;
15—丝杆;16—线绳;17—绘图圆筒;18—摆锤;
19—曲柄杆;20—机座

线绳 16 将借摩擦力（由吊挂在线绳 16 下端的重锤所引起）的作用,而带动绘图圆筒 17 转动。显然,圆筒转动时,沿圆周方向移动的距离即以一定比例表示出试样的变形（伸长）的大小。这样,绘图笔将自动在绘图纸上绘出试样受拉力 P 与变形 ΔL 的关系曲线。

试验机还配备有如图 2 - 3 所示的转荷器,将其安装在上下卡具 6 和 7 之间,则可进行压缩试验、剪切试验或弯曲试验等。

2.2.2 操作方法

（1）试样安装。先转动小摇把 10,通过伞形齿轮 11,12 的传动,使丝杆 15 能较快地上下移动,以便调整卡具 6,7 之间的距离与所使用试样的长度相适应并装好试样。

（2）在试样安装好后,应立即用销子 9 将伞形齿轮 11 固定住。

（3）根据估算试样所承受的最大载荷,选择相应的测力标尺（有 A,B,C,D 四个等级）,并将所选定的测力标尺相应的砝码 18 装到曲柄杆 19 的摆盘上。

（4）调整绘图装置。将绘图纸贴在绘图圆筒 17 上,拧开绘图笔架 3 上的螺栓,将绘图笔放入笔架并调整好与绘图纸的位置。

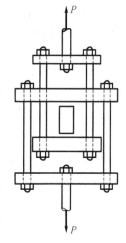

图 2 - 3　压缩转荷器

（5）加载。握住加载摇把 14,逆时针均匀转动使试样受力,直至拉断试样。若在试验中途需要卸载,可顺时针转动摇把 14。

2.2.3 注意事项

（1）严禁使用小摇把 10 加载。

（2）加载时,切勿忘记将销子 9 插好,否则无法加载。

（3）试验过程中,不能碰摆锤 18,曲柄 19 以及与测量变形有关的零件,如绘图圆筒、线绳等。因这些零件在试验过程中的反应（移动、转动等）是直接与试样的内力和变形有关。因此,不允许受到任何阻碍。

2.3　电子万能材料试验机

电子万能材料试验机是电子技术与机械传动相结合的新型试验机。现以 CSS - 2210 型微机控制电子万能材料试验机为例,说明电子万能材料试验机的结构及工作原理。CSS - 2210 型试验机通过微机的功能管理,可以实现多种试验功能。它对载荷、变形、位移的测量和控制有较高的精度和灵敏度。与计算机相连还可实现控制、检测和数据处理的自动化。可以实现拉伸、压缩、弯曲、剪切、扭转、断裂韧性等多种试验功能。可以进行等速负荷、等速变形、恒负荷、恒变形的自动控制实验,并有低周载荷循环的功能。

2.3.1 加载控制系统

图 2 - 4 是电子万能材料试验机的主机结构简图。在加载控制系统中,由上横梁、活

动横梁、工作台、滚珠丝杠副及立柱等组成门式框架。活动横梁由滚珠丝杠副驱动。试样安装于活动横梁与工作台之间的夹具内。试验机的位移传动采用滚珠丝杠－双螺母预紧结构。传动系统由宽调速直流伺服电机、减速装置、传动带轮等组成,减速装置采用同步齿形胶带传动。计算机向测控单元发出指令,伺服电机便驱动减速装置带动滚珠丝杠转动,丝杠推动活动横梁向上或向下位移,从而实现对试样的加载。伺服电机内加装高靠性高的反馈元件,使活动横梁能获得稳定的试验速度。

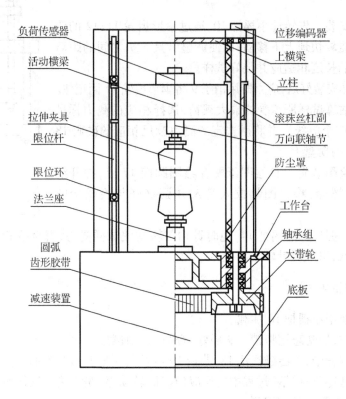

图 2－4　电子万能材料试验机结构简图

2.3.2　测量系统

测量系统包括负荷测量、试样变形测量和活动横梁的位移测量等三部分。负荷测量把负荷传感器发出的信号变为微弱的电信号,经负荷变形测量放大器放大,再经 A/D 转换变成数字显示。变形测量则是把应变式引伸计的信号经负荷变形测量放大器放大,并经 A/D 转换变为数字显示。活动横梁的位移是借助丝杠的转动来实现的。滚珠丝杠转动时,装在滚珠丝杠上的位移编码器输出的脉冲信号经过转换,也可用数字显示。

2.3.3　功能控制系统操作说明

CSS－2210 型微机控制电子万能材料试验机控制操作面板示意图如图 2－5 所示。

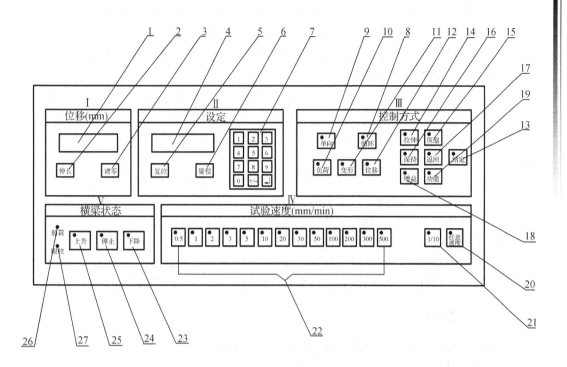

图 2 - 5　CSS - 2210 操作面板示意图

各键的操作及指示如下：

1. 显示窗——指示数值为动横梁位移量，单位 mm。

2. 伸长键——伸长指示灯亮时，表示当前模拟量输出切换至小变形通道。

3. 清零键——在任意时刻将动横梁位移（或伸长）所在位置定为零点。

4. 设定指示窗——指示试验方式及控制参数。试验方式包括常规试验、控制试验、伸长输出三种方式。

5. 复位键——用来使系统回复到初始状态。

6. 量程键——用来设定位移输出模量的量程。

7. 小键盘——"0～9，+／-"用来设定试验数据，回车符号用来认可所设定的参数。

8. 循环键——选定由最小值向最大值，再由最大值向最小值的反复试验。

9. 单向键——选定某一方向的定值试验。

10. 负荷键——进行单向或循环负荷控制。选择负荷控制后，负荷最大值的输入被限制在最大负荷以内。

11. 变形键——进行单向或循环变形控制。

12. 位移键——进行单向或循环位移控制。

13. 给定键——进行负荷／变形控制时，给定函数发生器。

14. 拉伸键——使负荷／变形控制的启动方向为"拉"启动。

15. 压缩键——使负荷／变形控制的启动方向为"压"启动。

16. 保持键——在试验的任意点使函数发生器保持在当前值不变。

17. 返回键——在试验的任意点使函数发生器按相反方向返回至零点。

18. 增益键——调整控制通道的增益值可由 1~9 进行选择。

19. 功能键——按此键指示灯亮表示系统偏差不是零。当偏差为零时指示灯灭,并自动完成所设控制通道的无冲击转换。

20. 任意速度键——选择包括面板十七挡速度在内的由最低至最高速度之间分度为 0.01 mm/min 的任意速度。

21. 1/10 键——该键将面板所设的十三挡速度值除以 10,则可得到十七挡试验速度。

22. 十三个速度键——直接设定如键所示的速度值,该十三挡为常用速度。

23. 下降键——使动横梁以选定的速度向下运行。

24. 停止键——任意时刻按下此键将使动横梁停止运行。

25. 上升键——使动横梁以选定的速度向上运行。

26. 超荷指示灯——当试样负荷超过量程 10% 时,指示灯亮。

27. 限位指示灯——当动横梁到达限位环所限定的位置时,指示灯亮并停机。

2.3.4 实验操作规程

1. 接通电源,启动动力驱动系统,并预热一段时间。

2. 安装试样。

3. 检查是否处于正确的初始状态,否则按复位键使其正常。

4. 选择试验方式进行参数设定。

进行某一控制方式下试验参数的设定应按如下顺序进行:

(1) 选择试验给定方式,有速度和函数给定两种。

(2) 选择控制方式,有单向和循环两种。

(3) 选择试验项目,有负荷、变形、位移三种。

(4) 设定试验参数。

如果只进行常用速度下简单拉伸或压缩试验(2),(3),(4)步骤省略。

5. 如需绘制试验曲线,接好 $X-Y$ 记录仪后,按下"伸长"键灯亮则 X 轴输出为小变形,再按下灯灭便切换为位移。

6. 参数设定完毕按回车键,若需重新设置或选择另一组新的试验参数,则按"复位"进行步骤 4 便可完成新一组参数的设定。

7. 按所需的试验动作选择相应的控制键进行试验。

8. 试样破坏后(非破坏性试验应先卸载),先关闭动力系统,然后关闭电源,清理还原。

注意:试验过程中出现异常情况,迅速按"急停"键。待找出原因,系统正常再按正确操作步骤进行试验。

2.4 NJ-100B 扭转试验机

扭转试验机是对试样施加扭矩,进行扭转试验的专用设备。它的类型很多,构造形式也各有不同,但一般都是由加载和测力两部分构成。现以 NJ-100B 型扭转试验机为例,来说明其构造原理和使用方法。

2.4.1 主要技术性能

该试验机采用了电子自动平衡测力装置,直流电机无级调速系统并设有记录装置,它可以正反两个方向施加扭矩进行扭转试验,专门用来测定各种金属和非金属材料受扭转时的力学性能。分四级度盘:即 $0 \sim 1\,000$ N·m;$0 \sim 500$ N·m;$0 \sim 200$ N·m;$0 \sim 100$ N·m。

2.4.2 工作原理

试验机由加载系统、测力系统和记录装置三部分组成,其外形如图 2-6 所示。

1. 加载系统

安装在溜板上的加载机构,通过 6 个滚珠轴承可以在基座的导轨上自由滑动。由直流电动机的带动,通过两级蜗轮、蜗杆,减速箱的减速,使夹头旋转,对试样施加扭矩。试验机的正反加载和停车可按动操纵面板上的按钮 3(见图 2-7),为了适应各种材料扭力试验的需要,试验机具有较宽的调速范围,即分为两档:$0 \sim 36°/\text{min}$;$0 \sim 360°/\text{min}$。可将调速开关 6 拨在 $0 \sim 36$ 或 $0 \sim 360$ 处,拧动调速电位器 5

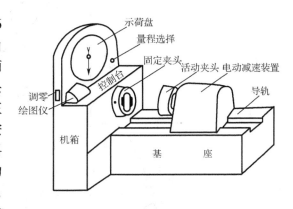

图 2-6 NJ-100B 扭转试验机外形图

进行调节,具体速度值由转速表 4 显示出。如选用 $0 \sim 36$ 挡,转速表上的数值缩小为速度值的 $1/10$。

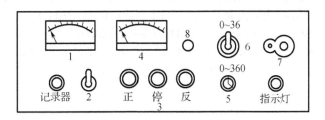

图 2-7 扭转试验机操作面板示意图

1—工作电流表;2—记录开关;3—按钮;4—转速表;

5—调速电位器;6—变速开关;7—电源开关;8—复位

2. 测力系统

扭转试验机的杠杆系统原理如图 2 - 8 所示。由夹头 1 传来的力矩,通过杠杆 2 或反向杠杆 3,变支点杠杆 4 和拉杆 5,拉动平衡杠杆 6。由于 P 力的作用,水平杠杆失去平衡,右端上翘,推动差动变压器 7,差动变压器铁芯发生位移后输出一个电信号,经放大器 8,使伺服电机 9 转动,通过钢丝 10,拉动游铊 11。当游铊对支点的力矩 $QS = Pr$ 时,杠杆达到平衡,恢复水平状态。这时,差动变压器铁芯处于零点,无信号输出,电机 9 停止转动。游铊移动的同时,通过钢丝拉动绳轮 12,使指针 13 在测力度盘 14 上指出扭矩 M_n 的数值。

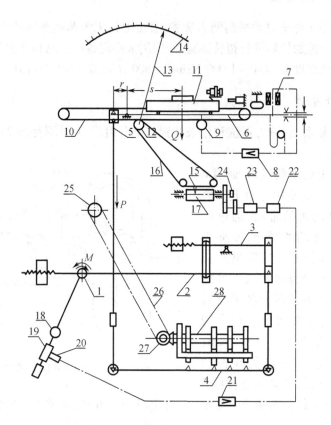

图 2 - 8 扭转试验机原理示意图

1—夹头;2—杠杆;3—反向杠杆;4—变支点杠杆;5—拉杆;6—平衡杠杆;7—差动变压器;
8—放大器;9—伺服电机;10—钢丝;11—游铊;12—绳轮;13—指针;14—测力度盘;
15—记录笔;16—钢丝;17—记录筒;18—夹头;19—减速箱;20—自整角发送机;
21—放大器;22—伺服电机;23—自整角变压器;24—齿轮;25—量程选择手轮;
26—链条;27—伞齿轮;28—凸轮

3. 记录装置

记录装置中的记录笔 15 通过钢丝 16 由绳轮 12 来拉动。

记录筒 17 的转动是通过减速箱 19 上的自整角发送机 20 发出信号,经过放大器 21 放大,由伺服电机 22 带动自整角变压器 23,通过齿轮 24 啮合来实现记录筒的转动,使记录笔 15 在纸上绘出代表扭转变形的曲线。记录筒的转动有两种速度,即记录纸的移动有 1°/min,15′/min 两级,通过齿轮 24 来变换。使用记录筒时,开动操作台上的开关 2,即可自动绘制 $M_n-\varphi$ 曲线图。

试验机有四级度盘,采用变支点杠杆及变表盘机构,当需要换表盘时,旋动量程选择手轮 25,经链条 26、伞齿轮 27、凸轮 28 来变换支点,即可得到所选用的度盘。

2.4.3　操作步骤

(1)检查试验机夹头的形式是否与试样相匹配。将速度范围开关置于 0 ~ 36°/min 处。调速电位器置于零位。

(2)根据所需最大扭矩来转动量程选择旋钮,选取相应的测力刻度盘。按下电源开关,接通电源。转动调零旋钮,使指针对准零点。

(3)装好自动绘图器的笔和纸,挂好传动齿轮(调低速),打开绘图器开关。

(4)安装试样。先将试样的一端插入夹头中,调整加载机构做水平移动,使试样另一端插入夹头中后再给予夹紧。先紧主夹头,再紧动夹头。

(5)加载。将加载开关"正"(或"反")按下,逐渐增大调速电位器的刻度值,操纵直流电机转动,对试样施加扭矩。

(6)实验完毕,停机,取下试样,将机器复原并清理现场。

2.4.4　注意事项

(1)施加扭矩后,禁止再转动量程选择旋钮。

(2)使用 V 形夹板夹持试样时,必须尽量夹紧,以免试验过程中试样打滑。

(3)试验机运转时,操作者不得擅自离开。听见异声或发生任何故障应立即停机。

2.5　数控扭转试验机

数控扭转试验机是电子技术与机械传动相结合的新型试验机。它对力矩、角度的测量和控制有较高的精度和灵敏度,具有量程范围大,数字显示直观准确,操作方便等特点。现以 TCN – AN 型微机数控扭转试验机为例,说明数控扭转试验机的结构及工作原理。

TCN – AN 型试验机通过数控电机加载和微动进给,可实现扭断和定变形角度两种测试方式。与计算机相连还可实现控制、检测和数据处理的自动化。

2.5.1　试验机结构及加载控制系统

图 2 – 9 是数控扭转试验机的外形,操作系统 1 上置有控制面板,可与计算机相连,实现控制、检测和数据处理的自动化,松开锁紧手柄 4,摇动手轮 5,可以根据试样 10 的长短使操作系统沿导轨 2 相对滑动,调整推力爪盘 9 和测力爪盘 11 之间的距离。试样先装入测力爪盘用夹头钥匙拧紧后,再装入推力爪盘拧紧,然后,将锁紧手柄拧紧。操作系统发出指令给数控电机 8(安装在减速装置 7 后),通过同步带 6 驱动减速装置 7 使推力爪盘

转动,实现对试样的加载。

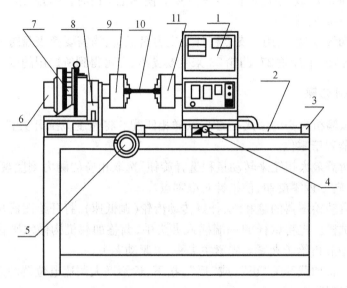

图 2 - 9 数控扭转试验机示意图

1—操作系统;2—导轨;3—固定座;4—锁紧手柄;5—摇动手轮;6—同步带;
7—减速装置;8—数控电机;9—推力爪盘;10—试样;11—测力爪盘

2.5.2 功能控制系统操作说明

1. 准备工作

(1) 开机:打开电源开关,开机调零预热 5 分钟后调试。

(2) 力矩调零:测试时,若力矩显示屏显示值不是"00000"时,调整调零旋钮,将显示值调为"00000"状态,调零 15 秒后调试。

2. 控制面板操作

用控制面板操作,可以完成数据输入、超限判别、数理统计计算、弹性曲线打印、数据自动记录、数据打印、测试方式选择、单位转换、测试状态选择、批号输入等功能。

(1) 数据输入

在数据输入时必须注意数据的位数,不能缺位,功能显示窗显示所要输入数据的位数。如输入批号时,功能参数窗显示"PAno 01"其中"01"就是批号的位数,该值位数为两位,输入时只能输两位值才有效。

① 日期输入

按"输入"键,再按"0"键,功能参数窗显示"Y××××××",输入一个六位数值,按"退出"键确认。若还有其他数据要输入,可将该数据输入完毕后,再按"退出"键确认。

② 批号的输入

试验机可存储二十批数据,输入批号的操作:按"选点"键,选到"A"或"b"点,按"输入"键,再按"8",功能参数窗显示"PAno 01",输入一个两位数值,按"退出",即可完成批号的输入。

③ 测试方式的选择

试验机提供扭断试验、定变形角度的测试方式,正转、反转,连机(计算机)、脱机状态的选择。选择测试方式的操作:按"选点",选到"A"或"b"点,按"输入"键,再按"9",功能参数窗显示"Conn xy",其中 x,y 是测试方式值的代号。

$x=0,y=0$ 时,表示脱机状态,正(顺时针)转扭断或定变形角度测试;

$x=0,y=1$ 时,表示连机状态,正(顺时针)转扭断或定变形角度测试;

$x=0,y=4$ 时,表示脱机状态,反(逆时针)转扭断或定变形角度测试;

$x=1,y=0$ 时,表示脱机状态,正(顺时针)定力矩测试。

④ 单位转换

试验机按不同测试要求,提供扭矩单位转换,操作如下:按"功能"键,功能参数窗显示"CH ",再按"4"键,功能参数窗显示"FLno 00",输入"10",则单位换成重力单位,若输入"20"则单位换成英制单位,按"退出"键确认。

FLno 00——国际单位;

FLno 10——重力单位;

FLno 20——英制单位。

⑤ 定两点变形角度测试

按"输入"键,再按"9"键,确定显示为"Conn 00";按"退出"。

按"选择"键,选到"A"点:

按"输入"键,再按"1"键,显示"A××××××",输入测试点角度;

按"输入"键,再按"2"键,显示"A-×××××",输入此点扭矩值;

按"输入"键,再按"3"键,显示"A└×××××",输入此点扭矩下限;

按"输入"键,再按"4"键,显示"A┐×××××",输入此点扭矩上限。

至此,A 点数据输入完毕。

按"选择"键,选择"b"点,按上述方法输入 b 点各参数。

如果只定一个转角测试,其后面一点的角度值应清零。即若只定"A"点一个转角,则"b"点转角应输入"000000"。输完数据后,按"退出"键。

注意:在角度的输入中,只输入角度的绝对值。

当输入数据完毕后,按"自动"便可进行测试,功能显示窗显示记录测试的最大值。转到测试点时,有力矩值超限显示(超限,红灯亮;合格,绿灯亮),"功能参数"框有数据显示,并将数据自动记入内存,以便作统计计算应用;否则,便没采到数据,测试失败。

⑥ 扭断测试

扭断测试时,应先将"A","b"两点的转角清零。即按"选点"键,选到"A"点(功能参数窗显示"A××××××"),按"输入"键,再按"1"键,输入"000000";再选到"b"点,按上步骤清零。

清零后,选到"d"点:

按"输入"键,再按"0"键,功能参数窗显示"L×××.××",输入试样的标距,必须输入一个非零值;

按"输入"键,再按"1"键,功能参数窗显示"S×××.×××",输入试样的横截面积,此值用于计算试样的强度;

按"输入"键,再按"2"键,功能参数窗显示"└×××.××",输入试样最大抗扭力下限值;

按"输入"键,再按"3"键,功能参数窗显示"┐×××.××",输入试样最大抗扭力上限值;

按"输入"键,再按"4"键,功能参数窗显示"┘×××.××",输入试样扭断力矩下限值;

按"输入"键,再按"5"键,功能参数窗显示"┌×××.××",输入试样扭断力矩上限值。

⑦ 角度置数

按"输入"键,再按"6"键。设置当前角度数值,可正可负。与"位置零"和"-"按键配合使用。

⑧ 速度控制

按"输入"键,再按"7"键。可设定速度。

操作:按"输入"、"7",显示"P ××××"。

最大速度值为:"P 0999"。输入≤0999 的数值可选定不同速度档位。

设定完毕按"退出"。

⑨ 已测数据的删除

试验机对已测数据有永久保存功能,避免断电或死机造成数据丢失。对无用的已测数据应该删除,免其占用大量内存,删除的操作:按"功能"键,再按"2",功能参数窗显示"CLEAn",按"退出"键完成数据删除。此时按"查看"键,功能参数窗显示"no d",说明数据已删除。

(2)测试数据浏览

按"查看"键,进入已测数据浏览状态。数据窗有角度显示窗、扭矩显示窗和功能显示窗。

(3)统计计算及打印测试结果及刚度

每批试样测试完毕后,可自动进行统计计算。

① 按"打印"键,再按"当前"键:打印当前角度值及力矩值。

② 按"打印"键,再按"统计值"键:打印统计结果值,包括个数(Num)、最大(Max)、最小(Min)、平均值(Ave)、均方值(s)、工序能力系数(CP)、直方图。

③ 按"打印"键,再按"批值"键:打印一批所有测试试样的数据。

(4)其他功能

① 过载保护:当工作点运动加载时,若载荷大于该机最大测值的110%时,电机停机,处于自动保护状态,按相反的运动键电机转动,并松开已加载荷。

注意:当用"微动进给"旋钮加载时,过载保护不起作用,应小心加载,以免损坏力传感器。

② 微动进给:用"微动进给"旋钮可将工作台以 0.01°的当量进给,可方便地调整工

作台的位置。

2.6 冲击试验机

冲击试验机是测量材料冲击韧度的专用设备。按冲击方式可分为落锤式、摆锤式和回转圆盘式冲击试验机;按受力状态可分为弯曲(包括简支梁式弯曲和悬臂梁式弯曲)冲击、拉力冲击和扭转冲击试验机。应用最广泛的是摆锤式冲击试验机。

摆锤式冲击试验机原理如图 2-10 所示。它是利用摆锤冲击试样前后的能量差来确定冲断该试样所消耗的功 α_k,该冲击功 W_k,通常可从试验机的度盘上直接读取。

摆锤式冲击试验机类型较多,但基本原理相同,只是在摆锤的控制上有人工和自动的区别。

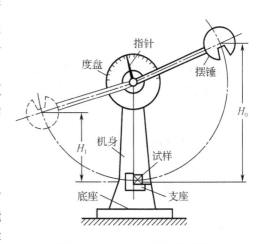

图 2-10 冲击试验机原理图

2.6.1 操作步骤

现以 JB-30B 型摆锤式冲击试验机为例作一简介。该冲击机为半自动试验机,能自动进行取摆、冲击和放摆的动作。其操作步骤如下:

(1)打开电源,指示灯亮,伺服电机逆时针转动。

(2)估算出冲击所需能量,选好摆锤。

(3)用专用样板调整支座跨距及冲击刀刃的相对位置。

(4)安装试样,使试样缺口背对刀刃,并用样板找准试样的位置。

(5)进行试验。将指针拨到刻度最大位置。打开操纵按钮盒开关,按下"取摆"按钮,当摆锤可靠地挂于挂摆机构上时,按"冲击"按钮,此时摆锤自由下冲。试样被冲断后,摆锤将重新挂在挂摆机构上,这时可从度盘上读取试样的冲击功 W_k。

(6)按住"放摆"按钮,直到摆锤位于铅垂位置,然后放开按钮。关闭电源、清理场地。

2.6.2 注意事项

(1)试验前需检查空打回零状况,记录试验机因摩擦阻力所消耗的能量,并校对零点。

(2)试验时,应当先安装试样,然后再举起摆锤。试样冲断后,切勿立刻检回,以免摆锤伤人。

(3)当摆锤抬起后,任何人不得在其摆动范围内活动,以确保人身安全。

第3章 力 学 实 验

3.1 万能材料试验机操作及拉伸、压缩示范实验

3.1.1 实验目的

（1）了解万能材料试验机的结构及工作原理，熟悉其操作规程及正确使用方法。

（2）通过示范实验，观察低碳钢与铸铁在拉伸和压缩时的变形规律和破坏现象，并进行比较。

3.1.2 实验设备

（1）万能材料试验机。

（2）游标卡尺。

3.1.3 万能材料试验机操作实习

重点了解万能试验机的结构及工作原理。熟悉操作面板的功能，并按操作规程进行练习。

3.1.4 拉伸和压缩试样

由于试样的开头和尺寸对实验结果有一定影响，为便于互相比较，应按统一规定加工成标准试样。图 3-1 分别表示横截面为圆形和矩形的拉伸试样。l_0 是测量试样伸长的长度，称为原始标距。按现行国家标准 GB 6397—86 的规定，拉伸试样分为比例试样和非比例试样两种。比例试样的标距 l_0 与原始横截面面积 A_0 的关系规定为

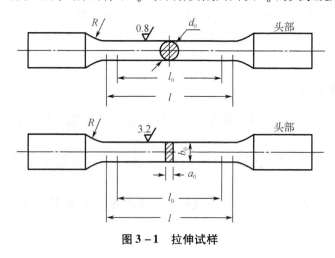

图 3-1 拉伸试样

$$l_0 = k\sqrt{A_0}$$

式中系数 k 的值取为 5.65 时称为短试样,取为 11.3 时称为长试样。对直径为 d_0 的圆截面短试样,$l_0 = 5.65\sqrt{A_0} = 5d_0$;对长试样 $l_0 = 11.3\sqrt{A_0} = 10d_0$。实验一般采用短试样。非比例试样的 l_0 和 A_0 不受上述关系的限制。

试样的表面粗糙度应符合国标规定。在图 3 – 1 中,尺寸 l 称为试样的平行长度,圆截面试样 l 不小于 $l_0 + d_0$;矩形截面试样 l 不小于 $l_0 + b_0/2$。为保证由平行长度到试样头部的缓和过渡,要有足够大的过渡圆弧半径 R。试样头部的形状和尺寸,与试验机的夹具结构有关,图 3 – 1 所示适用于楔形夹具。这时,试样头部长度不应小于楔形夹具长度的三分之二。

压缩试样通常为圆柱形,也分短、长两种,如图 3 – 2 所示。试样受压时,两端面与试验机垫板间的摩擦力约束试样的横向变形,影响试样的强度。随着比值 h_0/d_0 的增加,上述摩擦力对试样中部的影响减弱。但比值 h_0/d_0 也不能过大,否则将引起失稳。测定材料抗压强度的短试样通常规定 $1 \leqslant h_0/d_0 \leqslant 3$。至于长试样,多用于测定钢、铜等材料的弹性常数 E,μ 及比例极限和屈服极限等。

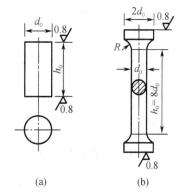

(a)   (b)

图 3 – 2　压缩试样

3.1.5　拉伸和压缩示范实验

以低碳钢和铸铁拉伸试样做拉伸实验,可利用自动绘图装置绘出载荷 P 与伸长 Δl 间的关系曲线。要求:①注意低碳钢受拉时的几个阶段和主要强度指标对应的特征点;②观察铸铁受拉时 P 与 Δl 的关系;③比较两种材料受拉时性能的差异和破坏断口。

做低碳钢和铸铁的压缩实验时,注意能否得到低碳钢的抗压强度极限,观察铸铁试样的破坏断口。

做压缩实验时,常用球形支承垫板加载,以保证试样端面与垫板均匀接触,试样均匀受压。同时,试样端面和垫板之间应涂上润滑剂以减小摩擦。压缩实验最好在电子万能材料试验机或装有力传感器的试验机上进行,借助 $X - Y$ 记录仪绘制压力 – 变形曲线。由曲线可观察到低碳钢试样受压的变形和屈服过程。图 3 – 3 是可安装应变片式引伸计的承压器。

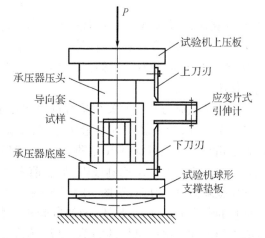

图 3 – 3　引伸计的承压器

3.2 低碳钢拉伸实验

3.2.1 实验目的

（1）了解低碳钢材料受拉时，力与变形的关系。

（2）用机械式引伸仪测定低碳钢的弹性模量 E。

（3）测定低碳钢的屈服极限（屈服点）σ_s、强度极限（抗拉强度）σ_b、断后伸长率 δ 和断面收缩率 ψ。

3.2.2 设备及试样

（1）万能材料试验机。

（2）双表引伸仪或球铰式引伸仪。

（3）游标卡尺。

（4）低碳钢拉伸试样，$l_0 = 10d_0$，将 l_0 十等分，用划线机刻画圆周等分线，或用打点机打上等分点。

3.2.3 实验原理及方法

常温下的拉伸实验是测定材料力学性能的基本实验。可用以测定弹性常数 E 和 μ，比例极限 σ_p，屈服极限 σ_s（或规定非比例伸长应力 $\sigma_{p0.2}$），抗拉强度极限 σ_b，断后伸长率 δ 和断面收缩率 ψ 等。这些力学性能指标都是工程设计的重要依据。

1. 弹性模量 E 的测定

弹性模量是应力低于比例极限时应力与应变的比值，即

$$E = \frac{\sigma}{\varepsilon} = \frac{Pl_0}{A_0 \Delta l} \qquad (3-1)$$

可见，在比例极限内，对试样施加拉伸载荷 P，并测出标距 l_0 的相应伸长 Δl，即可求得弹性模量 E。在弹性变形阶段内试样的变形很小，测量变形需用放大倍数为 1 000 倍（分度值为 1/1 000 mm）的双表引伸仪，或放大倍数为 2 000 倍（分度值为 1/2 000 mm）的球铰式引伸仪。

为检查载荷与变形的关系是否符合胡克定律，减少测量误差，试验一般用等增量法加载，即把载荷分成若干相等的加载等级 ΔP（见图 3-4），然后逐级加载。为保证应力不超出比例极限，加载前先估算出试样的屈服载荷，以屈服载荷的 70% ~ 80% 作为测定弹性模量的最高载荷 P_n。此外，为使试验机夹紧试样，消除引伸仪和试验机机构的间隙，以及开始阶段引伸仪刀刃在试样上的可能滑动，对试样应施加一个初载

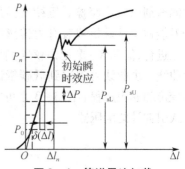

图 3-4 等增量法加载

荷 P_0，P_0 可取为 P_n 的 10%。从 P_0 到 P_n 将载荷分成 n 级，且 n 不小于 5，于是

$$\Delta P = \frac{P_n - P_0}{n} \qquad (n \geqslant 5)$$

实验时，从 P_0 到 P_n 逐级加载，载荷的每级增量为 ΔP。对应着每个载荷 $P_i(i = 1,2,\cdots,n)$，记录下相应的伸长 Δl_i，Δl_{i+1} 与 Δl_i 的差值即为变形增量 $\delta(\Delta l)_i$，它是 ΔP 引起的伸长增量。在逐级加载中，若得到的各级 $\delta(\Delta l)_i$ 基本相等，就表明 Δl 与 P 成线性关系，符合胡克定律。完成一次加载过程，将得到 P_i 与 Δl_i 的一组数据，按线性拟合法求得

$$E = \frac{(\sum P_i)^2 - n\sum P_i^2}{\sum P_i \sum \Delta l_i - n\sum P_i \Delta l_i} \cdot \frac{l_0}{A_0} \qquad (3-2)$$

除用线性拟合法确定 E 外，还可用下述弹性模量平均法。对应于每一个 $\delta(\Delta l)_i$，由公式(3-1)可以求得相应的 E_i 为

$$E_i = \frac{\Delta P \cdot l_0}{A_0 \cdot \delta(\Delta l)_i}, i = 1, 2, \cdots, n \qquad (3-3)$$

n 个 E_i 的算术平均值

$$E = \frac{1}{n}\sum E_i \qquad (3-4)$$

即为材料的弹性模量。

2. 屈服极限 σ_s 及抗拉强度极限 σ_b 的测定

测定 E 后重新加载，当到达屈服阶段时，低碳钢的 $P - \Delta l$ 曲线呈锯齿形(见图3-4)。与最高载荷 P_{sU} 对应的应力称为上屈服点，它受变形速度和试样形状的影响，一般不作为强度指标。同样，载荷首次下降的最低点(初始瞬时效应)也不作为强度指标。一般将初始瞬时效应以后的最低载荷 P_{sL}，除以试样的初始横截面积 A_0，作为屈服极限 σ_s，即

$$\sigma_s = \frac{P_{sL}}{A_0} \qquad (3-5)$$

若试验机由示力度盘和指针指示载荷，则在进入屈服阶段后，示力指针停止前进，并开始倒退，这时应注意指针的波动情况，捕捉指针所指的最低载荷 P_{sL}。

屈服阶段过后，进入强化阶段，试样又恢复了抵抗继续变形的能力(见图3-5)。载荷到达最大值 P_b 时，试样某一局部的截面明显缩小，出现"缩颈"现象。这时示力度盘的从动针停留在 P_b 不动，主动针则迅速倒退，表明载荷迅速下降，试样即将被拉断。以试样的初始横截面面积 A_0 除 P_b 得抗拉强度极限 σ_b，即

$$\sigma_b = \frac{P_b}{A_0} \qquad (3-6)$$

3. 断后伸长率 δ 及断面收缩率 ψ 的测定

试样的标距原长为 l_0，拉断后将两段试样紧密地对接在一起，量出拉断后的标距长为 l_1，断后伸长率为

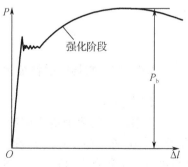

图 3-5 拉伸曲线

$$\delta = \frac{l_1 - l_0}{l_0} \times 100\% \qquad (3-7)$$

断口附近塑性变形最大,所以 l_1 的量取与断口的部位有关。如断口发生于 l_0 的两端或在 l_0 之外,则实验无效,应重做。若断口距 l_0 的一端的距离小于或等于 $l_0/3$,如图 $3-6(b)$,(c) 所示,则按下述断口移中法测定 l_1。在拉断后的长段上,由断口处取约等于短段的格数得 B 点,若剩余格数为偶数,如图 $3-6(b)$ 所示,取其一半得 C 点,设 AB 长为 a,BC 长为 b,则 $l_1 = a + 2b$。当长段剩余格数为奇数时,如图 $3-6(c)$ 所示,取剩余格数减 1 后的一半得 C 点,加 1 后的一半得 C_1 点,设 AB,BC,BC_1 的长度分别为 a,b_1 和 b_2,则 $l_1 = a + b_1 + b_2$。

试样拉断后,设缩颈处的最小横截面面积为 A_1,由于断口不是规则的圆形,应在两个相互垂直的方向上量取最小截面的直径,以其平均值计算 A_1,然后按下式计算断面收缩率为

$$\psi = \frac{A_0 - A_1}{A_0} \times 100\% \qquad (3-8)$$

(a)

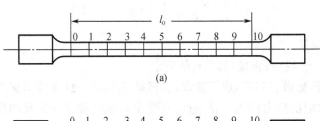

(b)

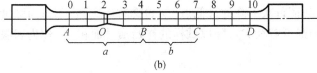

(c)

图 3-6 断口移中法

3.2.4 实验数据的线性拟合方法

1. 线性拟合

由实验采集的两个量之间有时存在明显的线性关系,如在碳钢拉伸实验的弹性阶段,拉力与伸长就存在线性关系。在处理这样一组实验数据时,两个量的每一对对应值都可确定一个数据点,例如每一拉力 P 与它对应的伸长 Δl 确定一个数据点。当然可以参照这些数据点直接描出所需要的直线,但由于数据点的分散性,对同一组实验数据就

可能得出略微不同的直线,何者最佳就难以判定。合理的方法是把这一组实验数据拟合成直线。

设 x 和 y 分别代表由实验采集的两个量,且两者的最佳直线关系为

$$y = mx + b \qquad (3-9)$$

式中 x 为自变量; y 为因变量; b 为直线在纵轴上的截距(见图 3-7); $m = \tan\alpha$ 为直线的斜率。一般以拉力、弯距、扭矩等作为自变量 x ,而把相应的伸长、应变、转角等作为因变量 y 。若在采集的实验数据中与 x_i 对应的为 y_i ,而在最佳直线(3-9)上与 x_i 对应的纵坐标则应为 $(mx_i + b)$,两者之间的偏差为

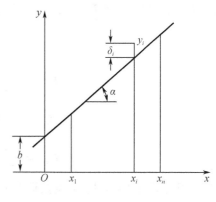

图 3-7 线性拟合

$$\delta_i = y_i - (mx_i + b) = y_i - mx_i - b$$
$$(3-10)$$

根据最小二乘法原理,当由上式表示的偏差的平方总和为最小值时,则式(3-9)表示的直线为最佳直线。这因为偏差 δ_i 的平方均为正值,其总和为最小,就意味着式(3-9)是最靠近这些实验观测点的最佳直线。由式(3-10)得偏差 δ_i 的平方总和为

$$Q = \sum \delta_i^2 = \sum (y_i - mx_i - b)^2, \quad i = 1,2,3,\cdots,n \qquad (3-11)$$

Q 为最小值要求

$$\frac{\partial Q}{\partial m} = 0, \quad \frac{\partial Q}{\partial b} = 0$$

于是由式(3-11)得

$$\frac{\partial Q}{\partial m} = -2 \sum (y_i - mx_i - b)x_i = 0$$

$$\frac{\partial Q}{\partial b} = -2 \sum (y_i - mx_i - b) = 0$$

由此得

$$\sum x_i y_i - m \sum x_i^2 - b \sum x_i = 0$$

$$\sum y_i - m \sum x_i - nb = 0$$

从以上两式解出

$$m = \frac{\sum x_i \sum y_i - n \sum x_i y_i}{(\sum x_i)^2 - n \sum x_i^2} \qquad (3-12)$$

$$b = \frac{\sum x_i y_i \sum x_i - \sum x_i^2 \sum y_i}{(\sum x_i)^2 - n \sum x_i^2} \qquad (3-13)$$

这就确定了直线方程式(3-9)中的斜率 m 和截距 b ,亦即完全确定了拟合直线。

按照以上论述,由任何一组实验数据 x_i 和 y_i ,都可拟合出一条直线。但一组实验数

据 x_i 和 y_i 之间的关系可能非常接近一条直线,即它们确实是线性相关的;也可能与线性关系相差甚远。将一组实验数据拟合成直线,并不能说明它们与"线性相关"接近的程度。为此,引进相关系数 γ 的定义如下:

$$\gamma = \frac{D_{xy}}{\sqrt{D_{xx}D_{yy}}} \tag{3-14}$$

$$\left.\begin{array}{l} D_{xx} = \sum x_i^2 - \dfrac{1}{n}\left(\sum x_i\right)^2 \\[2mm] D_{yy} = \sum y_i^2 - \dfrac{1}{n}\left(\sum y_i\right)^2 \\[2mm] D_{xy} = \sum x_i y_i - \dfrac{1}{n}\sum x_i \sum y_i \end{array}\right\} \tag{3-15}$$

一般情况下 $|\gamma| \leq 1$。γ 越接近 1,x_i 与 y_i 的关系越接近直线;γ 越接近 0,x_i 与 y_i 的线性关系越不明显。$\gamma = 0$ 时,x_i 与 y_i 不存在线性关系。可见,相关系数 γ 表明实验数据与"线性相关"接近的程度。

2. 线性拟合在弹性模量测定中的应用

试验时在给定的载荷 P 作用下,测出相应的变形 Δl。这时,P 对应于 x,Δl 对应于 y。于是由公式(3-12),(3-14)和(3-15)得

$$m = \frac{\sum P_i \sum \Delta l_i - n \sum P_i \Delta l_i}{\left(\sum P_i\right)^2 - n \sum P_i^2} \tag{3-16}$$

$$\left.\begin{array}{l} D_{xx} = \sum P_i^2 - \dfrac{1}{n}\left(\sum P_i\right)^2 \\[2mm] D_{yy} = \sum \Delta l_i^2 - \dfrac{1}{n}\left(\sum \Delta l_i\right)^2 \\[2mm] D_{xy} = \sum P_i \Delta l_i - \dfrac{1}{n}\sum P_i \sum \Delta l_i \end{array}\right\} \tag{3-17}$$

$$\gamma = \frac{D_{xy}}{\sqrt{D_{xx}D_{yy}}} \tag{3-18}$$

这里 m 为拟合直线的斜率。另一方面,由胡克定律知

$$\Delta l = \frac{P l_0}{E A_0}$$

这表明 P 和 Δl 所形成的直线的斜率为 $\dfrac{l_0}{E A_0}$,它与拟合直线的斜率应该是相等的,于是有

$$m = \frac{l_0}{E A_0}$$

$$E = \frac{l_0}{m A_0} = \frac{\left(\sum P_i\right)^2 - n \sum P_i^2}{\sum P_i \sum \Delta l_i - n \sum P_i \Delta l_i} \cdot \frac{l_0}{A_0} \tag{3-19}$$

如用电阻应变仪代替机械式引伸仪,则在给定的载荷 P 作用下,测出相应的应变 ε。这时,P 对应于 x,ε 对应于 y,表示拟合直线斜率的公式(3-12)成为

$$m = \frac{\sum P_i \sum \varepsilon_i - n \sum P_i \varepsilon_i}{(\sum P_i)^2 - n \sum P_i^2} \qquad (3-20)$$

另一方面,把胡克定律改写成

$$\varepsilon = \frac{\sigma}{E} = \frac{P}{EA_0}$$

可见 P 和 ε 形成的直线的斜率为 $\frac{1}{EA_0}$,它应与拟合直线的斜率 m 相等,即 $m = \frac{1}{EA_0}$。于是

$$E = \frac{1}{mA_0} = \frac{(\sum P_i)^2 - n \sum P_i^2}{\sum P_i \sum \varepsilon_i - n \sum P_i \varepsilon_i} \cdot \frac{1}{A_0} \qquad (3-21)$$

3.2.5 实验步骤

(1)测量试样尺寸。在标距 l_0 的两端及中部三个位置上,沿两个相互垂直的方向,测量试样直径,以其平均值计算各横截面面积,再以三者的平均值作为公式(3 – 1),(3 – 2)和(3 – 3)中的 A_0,至于公式(3 – 5),(3 – 6)和(3 – 8)中的 A_0,则应取上述三个横截面面积中的最小值。

(2)试验机准备。使用液压万能机时,根据估计的最大载荷,选择合适的示力刻度盘和相匹配的摆锤后,再按操作规程进行操作。使用电子万能机时,同样要在选定载荷和变形的量程后,再按操作规程进行操作。

(3)安装试样及引伸仪。

(4)进行预拉。为检查机器和仪表是否处于正常状态,先把载荷预加到测定 E 的最高载荷 P_n,然后卸载到 $0 \sim P_0$ 之间。

(5)加载。测定 E 时,先加载至 P_0,调整引伸仪为起始零点或记下初读数。加载按等增量法进行,应保持加载的均匀、缓慢,并随时检查是否符合胡克定律。载荷增加到 P_n 后卸载。测定 E 的试验应重复三次,完成后卸载取下引伸仪。然后以同样速率加载直至测出 σ_s。屈服阶段后可增大实验速率,但也不应使横梁上升速率超过 30 mm/min。最后直到将试样拉断,记下最大载荷 P_b。

(6)取下试样,试验机恢复原状。

3.2.6 实验数据处理

(1)用直线拟合法测定 E。在测定弹性模量所得的几组数据中,选取线性相关性较好的一组数据 P_i,Δl_i,拟合为直线。按公式(3 – 17),(3 – 18)计算相关系数 γ,并按公式(3 – 2)计算弹性模量 E。

(2)用弹性模量平均法测定 E。利用上述数据组,按公式(3 – 3)求出 E_i,然后由公式(3 – 4)计算 E。

(3)弹性模量一般取三位有效数,其他性能指标的数值遵守表 3 – 1 的修约规定。

表 3－1　性能指标数值的修约规定

性　　能	范　　围	修约到
σ_p	≤200 MPa 以下	1 MPa
σ_s，$\sigma_{p0.2}$	>200 ~ 1 000 MPa	5 MPa
σ_b	>1 000 MPa	10 MPa
δ	≤10%	0.5%
	>10%	1%
ψ	≤25%	0.5%
	>25%	1%

3.2.7　实验报告要求

（1）写出实验设备名称及试样尺寸。

（2）将测定 E 的数据填写进表格中，并计算结果。

（3）将材料的强度指标 σ_s，σ_b 和塑性指标 δ，ψ 计算出来。

（4）思考题

① 材料相同，直径相等的长试样 $l_0 = 10d_0$ 和短试样 $l_0 = 5d_0$，其断后伸长率 δ 是否相同？

② 试样的截面形状和尺寸对测定弹性模量有无影响？

③ 试评价测定 E 的两种方法——线性拟合法和弹性模量平均法。

④ 为消除加载偏心的影响应采取什么措施？

⑤ 实验时如何判断低碳钢的屈服极限？

3.2.8　实验报告式样

低碳钢拉伸实验报告

专业班级：_____　姓名：_____　学号：_____　同组人：_____

日期：_____　指导教师：_____　成绩：_____

1.　实验设备名称、型号

设备名称	型　　号

2. 试样尺寸

实验前			实验后		
原标距 l_0/mm			断后标距 l_1/mm		
平均直径 d_0/mm	上		断裂处最小直径 d_1/mm	1	
	中			2	
	下			平均	
原始截面积 A_0/mm^2	最小		断裂处截面积 A_1/mm^2		
	平均				

3. 测定 E 的数据及计算结果

载荷 /kN	左引伸仪		右引伸仪		$\overline{c_i} = \dfrac{c_{左i} + c_{右i}}{2}$	$\Delta \overline{c_i}$(格)
	读数 $c_{左}$(格)	$\Delta c_{左}$(格)	读数 $c_{右}$(格)	$\Delta c_{右}$(格)		
$P_0 =$						
$P_1 =$						
$P_2 =$						
$P_3 =$						
$P_4 =$						
$P_5 =$						
$\Delta P =$	引伸仪放大倍数 $k =$			$\delta(\Delta l)_i = \dfrac{\Delta \overline{c_i}}{k}$		
$\sum P_i^2$	$\left(\sum P_i\right)^2$	$\sum \Delta l_i^2 =$ $\sum \left(\overline{c_i}/k\right)^2$	$\left(\sum \Delta l_i\right)^2 =$ $\left(\sum \overline{c_i}/k\right)^2$	$\sum P_i \Delta l_i =$ $\sum P_i \overline{c_i}/k$	$\sum P_i \sum \Delta l_i =$ $\sum P_i \sum \overline{c_i}/k$	$i = 1, 2, \cdots, n$ $n =$
相关系数	$\gamma = \dfrac{n \sum P_i \Delta l_i - \sum P_i \sum \Delta l_i}{\sqrt{\left[n \sum P_i^2 - \left(\sum P_i\right)^2 \right]\left[n \sum \Delta l_i^2 - \left(\sum \Delta l_i\right)^2 \right]}} =$					
弹性模量 GPa	线性拟合法			弹性模量平均法		
	$E = \dfrac{\left(\sum P_i\right)^2 - n \sum P_i^2}{\sum P_i \sum \Delta l_i - n \sum P_i \Delta l_i} \cdot \dfrac{l_0}{A_0} =$			$E_i = \dfrac{\Delta P \cdot l_0}{A_0 \delta(\Delta l)_i};\quad E = \dfrac{1}{n} \sum E_i =$		

4. 材料的强度指标 σ_s, σ_b

屈服载荷 P_s/kN	屈服极限 σ_s/MPa	最大载荷 P_b/kN	强度极限 σ_b/MPa

5. 材料的塑性指标 δ, ψ

$\delta = \dfrac{l_1 - l_0}{l_0} \times 100\%$	
$\psi = \dfrac{A_0 - A_1}{A_0} \times 100\%$	

6. 绘出拉伸曲线

7. 思考题及心得体会

3.3　材料压缩实验

3.3.1　实验目的

（1）测定低碳钢的压缩屈服极限 σ_{sc} 和铸铁的抗压强度极限 σ_{bc}。
（2）观察比较低碳钢和铸铁压缩时的变形和破坏现象，并进行比较。

3.3.2　实验设备

（1）万能试验机。
（2）游标卡尺。

3.3.3　实验原理

低碳钢和铸铁等金属材料的压缩试样一般制成圆柱形，如图 3－8 所示。试样受压时，两端面与试验机上、下承垫间的摩擦力约束试样的横向变形，影响试样的强度。随着比值 h_0/d_0 的增加，端面摩擦力对试样中部的影响将会减弱，抗压强度降低。但比值 h_0/d_0 也不能过大，否则将引起失稳，因此，抗压能力与试样高度 h_0 和直径 d_0 的比值 h_0/d_0 有关。由此可见，压缩试样只有在相同的实验条件下，才能对不同材料的压缩性能进行比较。材料压缩实验所用的试样，通常规定为 $1 \leqslant h_0/d_0 \leqslant 3$。

低碳钢为塑性材料，受压后试样高度不断缩短，横截面面积增加，承载力随之增大，试样形成桶状，如图 3－9（a）所示，直至压成饼状而不致断裂，因此不能测得其压缩强度极限，只能测得屈服极限。

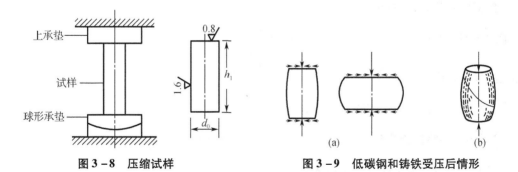

图 3－8　压缩试样　　　　　　图 3－9　低碳钢和铸铁受压后情形

铸铁为脆性材料，当试样受压后变形不大时即破裂，如图 3－9（b）所示，故仅能测得强度极限。

3.3.4　实验方法及步骤

（1）低碳钢试样
① 用游标卡尺测量出试样的直径和高度，并作好记录。

②将试样安装于试验机上、下承垫之间(见图3-8),并注意使试样直立端正,保持球形承垫的润滑、灵活。

③装好自动绘图装置,选择压缩曲线横纵坐标比例尺。

④打开进油阀、缓慢加载。注意观察测力指针的转动情况和绘图纸上的压缩图,当过比例极限荷载 P_p 后,开始出现变形增长较快的一小段,测力指针转动减慢,出现短时停顿或倒退现象,这时表示达到屈服荷载 P_{sc},如图3-10(a)所示。此后,图形沿曲线继续上升,这是因为塑性变形迅速地增长,试样截面面积也随之增大,增大的面积能承受更大的荷载。因此,确定 P_{sc} 时要特别小心地观察、判读。有时由于

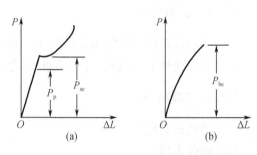

图3-10 低碳钢和铸铁的压缩曲线

指针速度的减慢不十分明显,故常要借助绘出的 $P-\Delta L$ 曲线来判析 P_{sc} 到达的时刻。

(2)铸铁试样

①试验机、试样准备同前。

②安装试样同前。

③加载。铸铁试样无屈服阶段,故只能测得其破坏荷载,如图3-10(b)所示。破坏主要是剪应力引起的,记录此时的最大荷载 P_{bc}。

④取下试样进行观察比较。

3.3.5 实验结果处理

根据记录数据,计算出:

低碳钢压缩屈服极限

$$\sigma_{sc} = \frac{P_{sc}}{A_0}$$

铸铁的抗压强度

$$\sigma_{bc} = \frac{P_{bc}}{A_0}$$

式中 A_0——实验前试样的横截面面积。

3.3.6 实验报告要求

(1)将实验记录及计算结果填入表中

①试样尺寸。

②实验数据和计算结果。

(2)思考题

①分析铸铁试样压缩时沿轴线约成45°破坏的原因。

②试分别比较低碳钢和铸铁在压缩过程中的异同点及力学性质。

③压缩时为什么必须将试样对准中心位置,如没对中会产生什么影响?

3.3.7 实验报告式样

材料压缩实验报告

专业班级：_____ 姓名：_____ 学号：_____ 同组人：_____

日期：_____ 指导教师：_____ 成绩：_____

1. 实验设备名称、型号

设备名称	型 号

2. 试样尺寸

材 料	直径 d_0/mm			试样高度 h_0/mm	h_0/d_0	截面面积 A_0 /mm^2
	(1)	(2)	平均			
低碳钢						
铸 铁						

3. 实验数据和计算结果

材 料	屈服载荷/kN	最大载荷/kN	屈服极限/MPa	强度极限/MPa	破坏形式简图	
					低碳钢	铸 铁
低碳钢						
铸 铁						

4. 绘出压缩曲线

5. 思考题及心得体会

3.4 材料剪切实验

3.4.1 实验目的

（1）观察受剪试样的破坏特征。
（2）测定低碳钢试样在剪断时的强度极限。

3.4.2 实验设备

（1）万能试验机。
（2）压缩式剪切器。
（3）低碳钢剪切试样。

3.4.3 实验原理和步骤

将低碳钢圆截面剪切试样装入金属剪切器中，模拟销钉受剪切状态。再将剪切器置于万能试验机上下承垫之间，逐渐加载荷，此时试样承受剪切，如图 3 - 11 所示。加载至剪断破坏为止，从测力度盘副针读出剪断时的最大载荷 P_b 并记录。取出剪

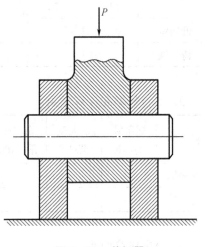

图 3 - 11 剪切器

断为三段的试样，按断口特征拼合后与原始试样进行比较分析，观察破坏形貌。

3.4.4 实验结果处理

根据记录的剪断时的最大载荷 P_b 以及试样承受双剪，其剪切面应为两倍截面面积，即可由下式计算剪切强度极限：

$$\tau_b = \frac{P_b}{2A_0}$$

3.4.5 实验报告要求

（1）写出实验设备名称及型号

（2）按要求处理实验数据及计算结果

① 实验记录。

② 计算结果。

（3）分析与思考题

① 低碳钢在剪切试验中其剪切断口有何特点？

② 分析实际剪切与理论剪切有哪些区别？

③ 简述并分析试样在剪切过程中的受力状态。

3.4.6 实验报告式样

材料剪切实验报告

专业班级：_____ 姓名：_____ 学号：_____ 同组人：_____

日期：_____ 指导教师：_____ 成绩：_____

1. 实验设备名称、型号

设备名称	型 号

2. 按要求处理实验数据及计算结果

（1）实验记录

材 料	试样直径 d_0/mm	截面面积 A_0/mm^2	剪切破坏载荷 P_b/kN
低碳钢			

（2）计算结果

计算公式	剪切强度极限
$\tau_b = \dfrac{P_b}{2A_0}$	

3. 思考题及心得体会

3.5 材料扭转实验

3.5.1 实验目的

（1）测定低碳钢的剪切屈服极限 τ_s，剪切强度极限 τ_b。

（2）测定铸铁的剪切强度极限 τ_b。

（3）比较低碳钢和铸铁试样受扭时的变形规律及其破坏特征。

3.5.2 实验设备及试样

（1）扭转试验机。

（2）游标卡尺。

（3）试样。按国标规定扭转试样一般为圆截面，如图 3 - 12 所示，推荐采用直径 d_0 为 10 mm，标距 l_0 分别为 50 mm 和 100 mm，平行长度 l 分别为 70 mm 和 120 mm 的圆形试样。

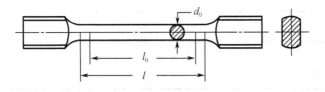

图 3 - 12　扭转试样

3.5.3 试验原理

圆轴扭转时，试样表面为纯剪应力状态。试样的断裂方式为分析材料的破坏原因和抗断能力提供了直接有效的依据。

材料扭转过程可用试样的变形(扭转角 φ)和载荷(扭矩 M_n)的关系,即 $M_n - \varphi$ 曲线来描述。图 3 – 13 为两种典型材料的扭转曲线。

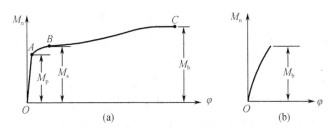

图 3 – 13　低碳钢和铸铁的扭转曲线

低碳钢试样受扭时 $M_n - \varphi$ 曲线,如图 3 – 13(a)所示,在开始变形的直线段内(OA 段),扭矩 M_n 与转角 φ 之间成正比关系,为弹性阶段。横截面上的剪应力成线性分布,最大剪应力发生在横截面周边处,在圆心处为零,如图 3 – 14(a)所示。随着 M_n 的增大,试样将产生明显的屈服阶段,横截面边缘处的剪应力首先到达剪切屈服极限 τ_s,剪应力的分布不再是线性的,而是如图 3 – 14(b)所示,即试样发生屈服形成环形塑性区。随着扭转变形的增加,塑性区不断向圆心扩展,直至全截面几乎都是塑性区为止,即全面(理想)屈服,如图 3 – 14(c)所示。试样屈服过程中,在 $M_n - \varphi$ 曲线上出现屈服平台,如图 3 – 13(a)所示,扭矩度盘的指针基本不动或轻微摆动,则指针摆动回退的最小值即为屈服扭矩 M_s。

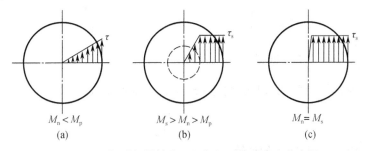

图 3 – 14　低碳钢圆轴在不同扭矩时的剪应力分布图

由 $M_n - \varphi$ 曲线可见,过屈服阶段后,材料的强化使扭矩又有缓慢的上升。而变形非常显著,试样的纵向画线逐渐变成了螺旋线。直至到达 C 点、试样断裂为止。此时,由扭矩度盘读出 C 点的最大扭矩值 M_b。

铸铁试样受扭转时,变形很小即发生断裂。其 $M_n - \varphi$ 曲线如图 3 – 13(b)所示,比较明显地偏离了直线,呈非线性。试样断裂时的扭矩读数就是最大扭矩 M_b。

3.5.4　实验步骤

1. 低碳钢扭转实验

(1)试样尺寸测量。用游标卡尺测量试样直径 d_0。

（2）试验机准备。选择合适的扭矩度盘,使测力指针对准零点(主、从动针也应重合)。

（3）装夹试样及绘图器准备。为了观察低碳钢试样的变形状态及断后的变形圈数,事先在试样的标距长度内,沿试样轴线用粉笔画一直线。然后把试样一端装入测力夹头,另一端装入加载夹头,先夹紧测力夹头,再夹紧加载夹头。再把绘图器上的笔夹装上笔,选择好合适的比例,并使之处于工作状态。

（4）进行实验。缓慢加载。观察 $M_n - \varphi$ 曲线,当扭矩度盘上指针停止不动或摆动(回退)的最低刻度值即为屈服扭矩 M_s,读出并记录 M_s。过了屈服阶段后,可增快加载速度,材料进一步强化,直到试样断裂,由从动针读出并记录最大扭矩 M_b。

2. 铸铁扭转实验

实验步骤与低碳钢实验相似,但应注意观察铸铁扭转曲线与低碳钢扭转曲线的不同点,即试样从开始受扭到试样破坏,近似一直线。试样断裂后由从动针读出并记录最大扭矩 M_b。

低碳钢和铸铁实验完毕后,取下断裂后的试样,根据断口特征,结合理论课知识分析比较试样的断口,从而达到验证和巩固理论的目的。

3.5.5 实验结果

1. 低碳钢扭转屈服极限 τ_s、扭转强度极限 τ_b 的计算

由图 3 – 14(c)所示剪应力分布情况,若认为这时整个圆截面均为塑性区,则屈服载荷 M_s 与剪切屈服极限的关系为

$$M_s = \frac{4}{3} W_n \tau_s \qquad 或 \qquad \tau = \frac{3}{4} \frac{M_s}{W_n}$$

式中　$W_n = \dfrac{\pi d^3}{16}$ ——抗扭截面模量。

与求 τ_s 相似,低碳钢的剪切强度极限 τ_b 可近似地按下式计算:

$$\tau_b = \frac{3}{4} \frac{M_b}{W_n}$$

2. 铸铁剪切强度极限 τ_b 的计算

铸铁的扭转曲线虽不是一直线,但可近似地视为一直线,其剪切强度极限 τ_b 仍可近似地用圆轴受扭时的应力公式计算,即

$$\tau_b = \frac{M_b}{W_n}$$

3.5.6 实验报告要求

（1）写出实验设备名称和型号。

（2）作好实验记录并计算结果。

（3）定性绘出 $M_n - \varphi$ 图及断口形状。

（4）思考题:

① 低碳钢和铸铁在扭转破坏时有什么不同现象,断口有何不同? 试分析其原因。
② 比较低碳钢和铸铁在受扭时和受拉时其变形规律有何异同之处?

3.5.7 实验报告式样

材料扭转实验报告

专业班级:_____ 姓名:_____ 学号:_____ 同组人:_____
日期:_____ 指导教师:_____ 成绩:_____

1. 实验设备名称、型号

设备名称	型 号

2. 实验记录及计算结果
（1）试样尺寸

材 料	标距 l_0 /mm	直径 d_0/mm									最小截面抗扭模量 W_n/mm^3
		截面Ⅰ			截面Ⅱ			截面Ⅲ			
		（1）	（2）	平均	（1）	（2）	平均	（1）	（2）	平均	
低碳钢											
铸 铁											

（2）实验数据

材 料	屈服扭矩 M_s/N·m	最大扭矩 M_b/N·m
低碳钢		
铸 铁		

3. 计算结果

低碳钢	剪切屈服极限/MPa	
	剪切强度极限/MPa	
铸 铁	剪切强度极限/MPa	

4. 定性绘出 $M_n - \varphi$ 图及断口形状

图　示	低碳钢	铸　铁
$M_n - \varphi$ 图		
试样断口形状		

5. 思考题及心得体会

3.6 材料弯曲正应力实验

3.6.1 实验目的

(1) 初步掌握电测方法和多点应变测量技术。

(2) 测定梁在纯弯曲和横力弯曲下的弯曲正应力及其分布规律。

3.6.2 实验设备

(1) 万能材料试验机。

(2) 电阻应变仪及预调平衡箱。

(3) 矩形截面钢梁。

3.6.3 实验原理及方法

在载荷 P 作用下的矩形截面梁,如图 3 – 15(a)所示。在梁的中部为纯弯曲,弯矩为

$M = 0.5Pa$。在左、右两端长为 a 的部分内为横力弯曲,弯矩为 $M_1 = 0.5P(a - c)$。在梁的前后两个侧面上,沿梁的横截面高度,每隔 $h/4$ 贴上平行于轴线的应变片。图中编号带撇的应变片表示贴在背面。温度补偿块要放置在钢梁附近。对每一待测应变片连同温度补偿片按半桥接线,如图 3 – 15(b) 所示。测出载荷作用下各待测点的应变 ε,由胡克定律知

$$\sigma = E\varepsilon$$

另一方面,由弯曲公式 $\sigma = \dfrac{My}{I}$,又可算出各点应力的理论值。于是可将实测值和理论值进行比较。

实验采用增量法,估算最大载荷 P_{max} 时,使它对应的最大弯曲正应力为屈服极限 σ_s 的 $0.7 \sim 0.8$,即 $P_{max} \leqslant (0.7 \sim 0.8)\dfrac{bh^2}{3a}\sigma_s$。选取初载荷 $P_0 \approx 0.1P_{max}$。由 P_0 至 P_{max} 可分成四级或五级加载,每级增量即为 ΔP。

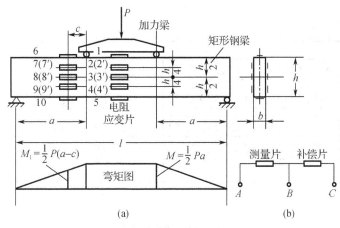

图 3 – 15　实验原理

3.6.4　实验步骤

(1) 根据电阻应变仪的使用方法及应变片灵敏系数 k,设定仪器灵敏系数 $k_仪$,使 $k_仪 = k$。

(2) 如仅测定一个横截面(纯弯曲或横力弯曲)上的应力,因测点不多,可以逐点测量。先按图 3 – 15(b) 接好一个测点,预调平衡后,由 P_0 至 P_{max} 按增量 ΔP 逐级加载。测出与每一 P_i 对应的 ε_i,并计算 $\Delta\varepsilon_i$,注意应变是否按比例增长。每一测点加载到 P_{max} 然后卸载,重复两至三次。重复加载中出现偏差的大小,表明测量的可靠程度。测完一点再换另一点,直至同一截面前后所有测点测完为止。

(3) 如对粘贴应变片的所有点都进行测量,由于测点较多,应采用有多个测点的数字应变仪分批进行,或用外接预调平衡箱一次完成所有测点的测量。这时可共用一枚补偿片,并把它接在多点测量接线柱的任一 B, C 位置,如图 3 – 16(b) 所示,全部 C 用短路线连接,所有 B 接线柱在仪器内部是联通的。这样,当转换测点时,补偿片始终与待测应

变片组成半桥电路。应注意的是,应变仪的三点连接片应拧紧在 D_1,D_2,D_3 上,而 A,B,C 接线柱上不能再接任何电阻或应变片。

完成接线后,利用选择开关逐点预调平衡。加载时,每增加一级 ΔP,转动选择开关逐点读出相应的应变。

(4) 加载要均匀缓慢;测量中不允许挪动导线;小心操作,不要因超载压坏钢梁。

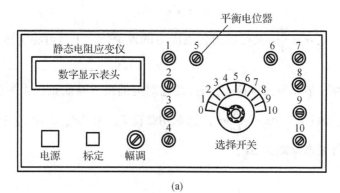

(a)

(b)

图 3-16　电阻应变仪

(a)上面;(b)背面

3.6.5　数据处理

(1) 现以重复加载两次为例,三次加载可以类推。每次由 P_0 到 $P_n(P_{max})$,测点 i 的应变为 $(\varepsilon_{in} - \varepsilon_{i0})$,求出两次加载应变的平均值。对只贴一枚应变片的测点,如 1,5,6,10 诸点,应变平均值为

$$(\varepsilon_{in} - \varepsilon_{i0})_m = \frac{1}{2}\left[(\varepsilon_{in} - \varepsilon_{i0})_1 + (\varepsilon_{in} - \varepsilon_{i0})_2\right]$$

式中下角标 1 表示第一次加载的值,2 表示第二次加载的值。至于 2,3,4,7,8,9 诸点,在梁的前后两侧面上各贴一枚应变片,应变平均值应为

$$(\varepsilon_{in} - \varepsilon_{i0})_m = \frac{1}{2}\left[\frac{(\varepsilon_{in} - \varepsilon_{i0})_1 + (\varepsilon_{in} - \varepsilon_{i0})_2}{2} + \frac{(\varepsilon'_{in} - \varepsilon'_{i0})_1 + (\varepsilon'_{in} - \varepsilon'_{i0})_2}{2}\right]$$

求得各测点应变平均值后,根据胡克定律得实测应力为

$$\sigma_{测} = E(\varepsilon_{in} - \varepsilon_{i0})_m$$

（2）在纯弯曲和横力弯曲两部分内，载荷从 P_0 到 P_n，弯矩的增量为 $M = \frac{1}{2}(P_n - P_0)a$ 和 $M_1 = \frac{1}{2}(P_n - P_0)(a - c)$。由弯曲正应力公式求出各测点应力的理论值为

$$\sigma_{理} = \frac{My}{I} \text{ 和 } \sigma_{理} = \frac{M_1 y}{I}$$

式中 $I = \frac{1}{12}bh^3$。

（3）以每一测点求出 $\sigma_{测}$ 对 $\sigma_{理}$ 的相对误差为

$$e_\sigma = \frac{\sigma_{理} - \sigma_{测}}{\sigma_{理}} \times 100\%$$

在梁的中性层内，因 $\sigma_{理} = 0$，故只需计算绝对误差。

3.6.6 实验报告要求

（1）将实验数据填入表格。

（2）思考题：

① 在梁的横力弯曲部分，弯曲正应力的计算仍用纯弯曲公式 $\sigma = \frac{M_1 y}{I}$，与实验结果对比，试问是否有很大误差？

② 整理实验数据时，对中间几个测点，应取前后两枚应变片应变的平均值。试问在实测中这一平均值可用什么方法直接得到？

③ 测量时为何要避免移动导线？

④ 实验时，没有考虑梁的自重，会引起误差吗，为什么？

3.6.7 实验报告式样

材料弯曲正应力实验报告

专业班级：_____ 姓名：_____ 学号：_____ 同组人：_____
日期：_____ 指导教师：_____ 成绩：_____

1. 实验设备名称、型号

设备名称	型　号

2. 实验原始数据

梁宽 $b =$ ＿＿ mm,梁高 $h =$ ＿＿ mm,弹性模量 $E =$ ＿＿ GPa,$a =$ ＿＿ mm。

3. 将实验数据填入下表

$\mu\varepsilon$

测点		1		2				3				4				5	
应变		ε_{1j}	$\Delta\varepsilon_{1j}$	ε_{2j}	$\Delta\varepsilon_{2j}$	ε'_{2j}	$\Delta\varepsilon'_{2j}$	ε_{3j}	$\Delta\varepsilon_{3j}$	ε'_{3j}	$\Delta\varepsilon'_{3j}$	ε_{4j}	$\Delta\varepsilon_{4j}$	ε'_{4j}	$\Delta\varepsilon'_{4j}$	ε_{5j}	$\Delta\varepsilon_{5j}$
第一次加载	P_0																
	P_1																
	P_2																
	P_3																
	P_4																
第二次加载	P_0																
	P_1																
	P_2																
	P_3																
	P_4																
$(\varepsilon_{in} - \varepsilon_{i0})_m$																	
$\sigma_{测}$																	
$\sigma_{理}$																	
相对误差																	

$\Delta M = \Delta P \cdot a/2 =$ ＿＿＿ $N \cdot m$

$I_z = bh^3/12 =$ ＿＿＿ mm^4

4. 思考题及心得体会

3.7 材料冲击实验

3.7.1 实验目的

（1）测定低碳钢、铸铁的冲击韧度 α_k，了解金属在常温下冲击韧性指标的测定方法。
（2）观察、比较塑性材料与脆性材料的抗冲击能力和破坏断口。

3.7.2 实验设备

（1）冲击试验机。
（2）游标卡尺。

3.7.3 实验原理

（1）试样制备。由于试样的尺寸、缺口形状和支承方式将影响冲击韧度 α_k 的大小，为便于比较，国家标准规定两种类型的试样如下：
① U 形缺口试样（梅氏试样），尺寸如图 3–17 所示。
② V 形缺口试样，尺寸如图 3–18 所示。两种试样均为简支形式，试样上所开缺口是为了使缺口区形成高度应力集中，吸收较多的功。缺口底部越尖锐就更能体现这一要求。因此，试样尺寸、缺口形状、加工要求以及加载方式等，都必须遵照国家标准，实验结果才有比较意义。

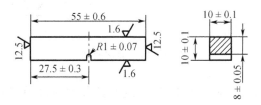

图 3–17 U 形冲击试样

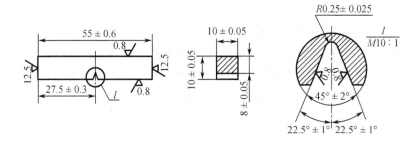

图 3–18 V 形冲击试样

用 U 形缺口试样测定的冲击韧度记为 α_{kU}，V 形缺口的记为 α_{kV}。国家标准规定，为保证尺寸准确，缺口加工应采用铣削或磨削，要求缺口底部光滑，无平行于缺口轴线的刻痕。

（2）测试原理。冲击试验机由摆锤、机身、支座、度盘、指针等几部分组成。试验时将带有缺口的试样安放于试验机的支座上，并使缺口位于试样的受拉侧，如图 3-19(a) 所示，摆锤从一定高度自由下落，将试样冲断。如图 3-19(b) 所示，设摆锤重量为 Q，从高度 H_0 处沿 AB 弧落下，冲断试样后所剩余的动能使摆锤沿 BC 弧上升到 H_1，因此冲断试样所消耗的功 W，其大小等于摆锤在 A 和 C 两点的位能之差，可由图 3-19(b) 所示的简单几何关系求得，即

$$W = Q(H_0 - H_1)$$

又因为

$$H_0 = R(1 - \cos\alpha), \quad H_1 = R(1 - \cos\beta)$$

故有

$$W = QR(\cos\beta - \cos\alpha)$$

一般在试验机的度盘上，按上述关系式已经换算好，由指针可直接读出冲击时所消耗功的数值。

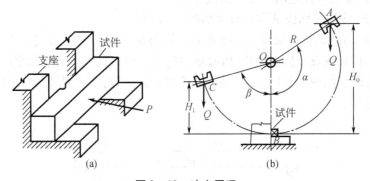

图 3-19 冲击原理

由于试样缺口处的高度应力集中，W 的绝大部分被缺口局部所吸收（空气阻力和轴承的摩擦要消耗一部分能量）。因此，以试样在缺口处的最小截面面积 A 除 W，定义为材料的冲击韧度 α_k，即

$$\alpha_k = \frac{W}{A}$$

式中，α_k 的单位为焦耳/毫米^2（J/mm^2）。

应该指出的是：冲击韧度 α_k 对温度的变化很敏感，当材料处于低温条件下，其韧性下降，材料会产生明显的脆性化倾向。而常温冲击试验一般在 20 ℃ ± 5 ℃ 的温度下进行，当温度不在这一范围内时，应该注明试验温度。

3.7.4 实验步骤

（1）用游标卡尺测量试样缺口处最小横截面尺寸。

（2）让摆锤自由下垂，使度盘指针紧靠在摆锤杆拔针处，然后举起摆锤空打一次，检

查指针是否回到零点,否则应进行校正调整。

(3)按图 3-19(a)所示安放试样,缺口朝里背向摆锤,并用对中样板校验,使其缺口对称面处于支座跨度中点。

(4)将摆锤高举到需要位置,然后释放摆锤使其下落冲断试样。记录度盘指针读数,即为冲断试样所消耗的功 $W_{测}$。

(5)待摆锤停稳后,拾回试样观察比较两种材料的断口特征。

3.7.5 实验报告要求

(1)写出实验设备名称及型号。

(2)将实验数据填入表格。

(3)计算冲击韧度。

(4)思考题:

① 比较低碳钢和铸铁在常温下冲击破坏的断口特征。

② 简述冲击韧度的意义及其应用。

3.7.6 实验报告式样

材料冲击实验报告

专业班级:_____   姓名:_____   学号:_____   同组人:_____

日期:_____   指导教师:_____   成绩:_____

1. 实验设备名称、型号

设备名称	型　号

2. 试样尺寸及数据

试样材料	缺口处截面尺寸/mm		缺口处截面面积 A/mm²	冲击功 W/J
	宽度 b	高度 h		
低碳钢				
铸　铁				

3. 实验结果

计算公式	冲击韧度
$\alpha_k = \dfrac{W}{A}$	

4. 思考题及心得体会

3.8 材料切变模量 G 的测定实验

3.8.1 实验目的

（1）用应变电测法测定低碳钢的切变模量 G。
（2）理解剪切弹性模量的定义和变形方式。

3.8.2 实验设备

（1）扭转试验机或简易扭转实验设备。
（2）数字电阻应变仪。
（3）游标卡尺。
（4）在圆截面低碳钢试样上，沿着与轴线成45°的方向，粘贴两枚应变片(见图3-20(a))。

3.8.3 实验原理

测定低碳钢的切变模量 G，可用电测法来完成。在剪切比例极限内，由扭转引起的切应力 τ 和切应变 γ 应服从胡克定律，即

$$\gamma = \frac{\tau}{G} \tag{a}$$

由于 $\tau = \dfrac{T}{W_t}$，这里 T 为扭矩，$W_t = \dfrac{\pi d^3}{16}$ 是圆轴抗扭截面系数，于是式(a)可以写成

$$\gamma = \frac{T}{GW_t} \tag{b}$$

因此,如能用应变仪测出 γ,利用式(b),便可确定 G。

在扭转引起的纯切应力状态中(见图 3 – 20(b)),主应力 σ_1 和 σ_3 的方向与轴的夹角分别为 $-45°$ 和 $45°$,且 $\sigma_1 = -\sigma_3 = \tau$,所以,沿 σ_1 和 σ_3 方向的主应变 ε_1 和 ε_3 数值相等、符号相反。平面应变分析指出,主应变由下式计算:

$$\left.\begin{array}{c}\varepsilon_1\\\varepsilon_3\end{array}\right\} = \frac{\varepsilon_x + \varepsilon_y}{2} \pm \sqrt{\left(\frac{\varepsilon_x - \varepsilon_y}{2}\right)^2 + \left(\frac{\gamma_{xy}}{2}\right)^2}$$

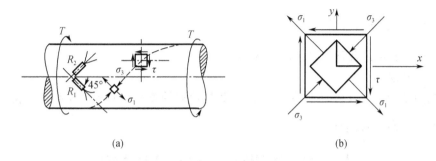

(a)   (b)

图 3 – 20　扭转切应力的测量

对纯剪切,$\varepsilon = \varepsilon_y = 0$,$\gamma_{xy} = \gamma$,于是由上式得

$$\gamma = 2\varepsilon_1 \tag{c}$$

因应变片 R_1 和 R_2 沿着与轴线(x 轴)成 $-45°$ 和 $45°$ 的方向粘贴,它们的方向也就是主应变 ε_1 和 ε_3 的方向。如把应变片 R_1 和 R_2 组成测量电桥的半桥,则因 R_1 的应变为 $\varepsilon_{-45°} = \varepsilon_1$,$R_2$ 的应变为 $\varepsilon_{45°} = \varepsilon_3 = -\varepsilon_1$,于是应变仪的读数为

$$\varepsilon_r = \varepsilon_{-45°} - \varepsilon_{45°} = 2\varepsilon_1 \tag{d}$$

比较式(c)和(d),得

$$\varepsilon_r = 2\varepsilon_1 = \gamma \tag{e}$$

可见,应变仪的读数 ε_r 即为切应变 γ。

估算出比例极限内扭矩的最高允许值 T_n 把载荷分成 n 个等级,每级扭矩增量为

$$\Delta T = \frac{T_n - T_0}{n} \tag{f}$$

实验时逐级等量加载。加载过程中,对每一扭矩 T_i 都可以测出对应的 γ_i(亦即应变仪的读数 ε_r)。实验重复三次,选择一组数据 T_i,γ_i,将它们拟合为直线,直线的斜率为

$$m = \frac{\sum T_i \sum \gamma_i - n \sum T_i \gamma_i}{\left(\sum T_i\right)^2 - n \sum T_i^2}$$

另一方面由式(b)表示的胡克定律表明 T 与 γ 的关系是斜率为 $\frac{1}{GW_t}$ 的直线,令 $m = \frac{1}{GW_t}$,即可求出

$$G = \frac{\left(\sum T_i\right)^2 - n \sum T_i^2}{\sum T_i \sum \gamma_i - n \sum T_i \gamma_i} \cdot \frac{1}{W_t} \tag{3 – 22}$$

3.8.4 实验方法及步骤

（1）在试样的左、中、右三个位置上,沿相互垂直的方向,测量试样直径,以其平均值作为试样圆截面直径,用以计算 W_t。

（2）把应变片 R_1 和 R_2 按半桥接线组成测量电桥,并将应变仪预调平衡。

（3）将扭矩加到 T_0,应变仪调零。然后均匀、缓慢地逐级加载,对每一个载荷 T_i,记录下应变仪相应的读数 ε_{ri}（ε_{ri} 即为 γ_i）,直至载荷增到 T_n 后卸载。加载重复进行三次。

3.8.5 实验报告要求

(1) 将实验记录及计算结果填入表中。

(2) 思考题:

若把两个应变片在桥臂中的位置互换,数显示表的读数与原来相比起何变化?

3.8.6 实验报告式样

材料切变模量 G 的测定实验报告

专业班级:＿＿＿＿＿＿　姓名:＿＿＿＿＿　学号:＿＿＿＿＿＿　同组人:＿＿＿＿＿＿＿

日期:＿＿＿＿＿＿＿　指导教师:＿＿＿＿＿　成绩:＿＿＿＿＿＿

1. 实验设备名称、型号

设备名称	型　号

2. 数据记录及计算结果

每次扭矩增量 1.5 N·m,分四次加载,取每次载荷（扭矩）增量下的应变增量 $\Delta\varepsilon_\gamma$ 的平均值代入,列表如下:

扭矩 （N·m）	扭矩增量（N·m）	应变读数 （ε_r）	应变读数 增量（$\Delta\varepsilon_r$）	切变模量 G/GPa

切变模量 G =　　　　　　　　　　　　　　　　GPa

3. 思考题及心得体会

3.9　扭弯组合变形的主应力和内力的测定实验

3.9.1　实验目的

(1) 测定圆管在扭弯组合变形下某一点处的主应力。
(2) 测定圆管在扭弯组合变形下的弯矩和扭矩。
(3) 进一步掌握电测法。

3.9.2　实验设备及试样

(1) 电阻应变仪。
(2) 小型圆管扭弯组合装置(见图 3 – 21(a))。

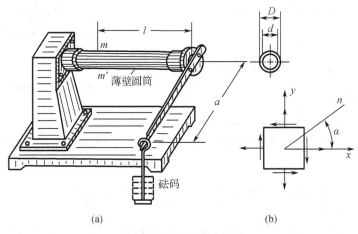

(a)   (b)

图 3 – 21　扭弯组合装置

3.9.3 实验原理

1. 确定主应力和主方向

扭弯组合下，圆管的 m 点处于平面应力状态（见图 3 - 21(b)）。若在 xy 平面内，沿 x,y 方向的线应变为 $\varepsilon_x,\varepsilon_y$，切应变为 γ_{xy}，根据应变分析，沿与 x 轴成 α 角的方向 n（从 x 到 n 逆时针的 α 为正）线应变为

$$\varepsilon_\alpha = \frac{\varepsilon_x + \varepsilon_y}{2} + \frac{\varepsilon_x - \varepsilon_y}{2}\cos2\alpha - \frac{1}{2}\gamma_{xy}\sin2\alpha \qquad (3-23)$$

ε_α 随 α 的变化而变化，在两个互相垂直的主方向上，ε_α 到达极值，称为主应变。主应变由下式计算：

$$\left.\begin{array}{c}\varepsilon_1\\\varepsilon_2\end{array}\right\} = \frac{\varepsilon_x + \varepsilon_y}{2} \pm \frac{1}{2}\sqrt{(\varepsilon_x - \varepsilon_y)^2 + \gamma_{xy}^2} \qquad (3-24)$$

两个互相垂直的主方向 α_0 由下式确定：

$$\tan2\alpha_0 = -\frac{\gamma_{xy}}{\varepsilon_x - \varepsilon_y} \qquad (3-25)$$

对线弹性各向同性材料，主应变 $\varepsilon_1,\varepsilon_2$ 和主应力 σ_1,σ_2 方向一致，并由下列广义胡克定律相联系：

$$\left.\begin{array}{c}\sigma_1 = \dfrac{E}{1-\mu^2}(\varepsilon_1 + \mu\varepsilon_2)\\[2mm]\sigma_2 = \dfrac{E}{1-\mu^2}(\varepsilon_2 + \mu\varepsilon_1)\end{array}\right\} \qquad (3-26)$$

实测时由 a,b,c 三枚应变片组成直角应变花（见图 3 - 22），并把它粘贴在圆筒固定端附近的上表面点 m。选定 x 轴如图所示，则 a,b,c 三枚应变片的 α 角分别为 $-45°,0°,45°$，代入式（3 - 23），得出沿这三个方向的线应变分别是

$$\varepsilon_{-45°} = \frac{\varepsilon_x + \varepsilon_y}{2} + \frac{\gamma_{xy}}{2}$$

$$\varepsilon_{0°} = \varepsilon_x$$

$$\varepsilon_{45°} = \frac{\varepsilon_x + \varepsilon_y}{2} - \frac{\gamma_{xy}}{2}$$

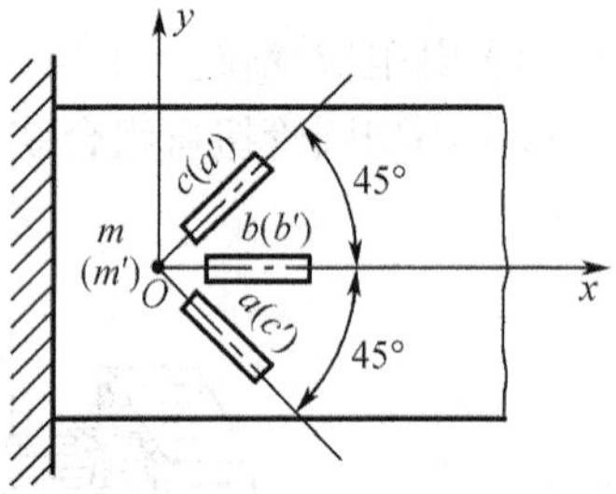

图 3 - 22　测点应变花布置图

从以上三式中解出

$$\varepsilon_x = \varepsilon_{0°}, \quad \varepsilon_y = \varepsilon_{45°} + \varepsilon_{-45°} - \varepsilon_{0°}, \quad \gamma_{xy} = \varepsilon_{-45°} - \varepsilon_{45°} \qquad (a)$$

由于 $\varepsilon_{0°},\varepsilon_{45°}$ 和 $\varepsilon_{-45°}$ 可以直接测定，所以 $\varepsilon_x,\varepsilon_y$ 和 γ_{xy} 可由测量的结果求出。将它们代入公式（3 - 24），得

$$\left.\begin{array}{c}\varepsilon_1\\\varepsilon_2\end{array}\right\} = \frac{\varepsilon_{-45°} + \varepsilon_{45°}}{2} \pm \frac{\sqrt{2}}{2}\sqrt{(\varepsilon_{-45°} - \varepsilon_{0°})^2 + (\varepsilon_{45°} - \varepsilon_{0°})^2} \qquad (3-27)$$

把 ε_1 和 ε_2 代入胡克定律式（3 - 26），便可确定 m 点的主应力。将式（a）代入式（3 - 25），得

$$\tan 2\alpha_0 = \frac{\varepsilon_{45°} - \varepsilon_{-45°}}{2\varepsilon_{0°} - \varepsilon_{-45°} - \varepsilon_{45°}} \qquad (3-28)$$

由上式解出相差 $\frac{\pi}{2}$ 的两个 α_0,确定两个互相垂直的主方向。利用应变圆可知,若 ε_x 的代数值大于 ε_y,则由 x 轴量起,绝对值较小的 α_0 确定主应变 ε_1(对应于 σ_1)的方向。反之,若 $\varepsilon_x < \varepsilon_y$,则由 x 轴量起,绝对值较小 α_0 确定主应变 ε_2(对应于 σ_2)的方向。

2. 测定弯矩

在靠近固定端的下表面 m'(m' 为直径 mm' 的端点)上,粘贴一枚与 m 点相同的应变花,其三枚应变片为 a',b',c',相对位置已表示于图 3–22 中。圆管虽为扭弯组合,但 m 和 m' 两点沿 x 方向只有因弯曲引起的拉伸和压缩应变,且两者数值相等符号相反。因此,将 m 点的应变片 b 与 m' 点的应变片 b',按图 3–23(a)半桥接线,得

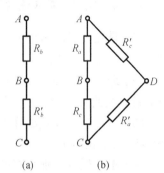

$$\varepsilon_r = (\varepsilon_b + \varepsilon_T) - (-\varepsilon_b + \varepsilon_T) = 2\varepsilon_b$$

式中 ε_T 为温度应变,ε_b 即为 m 点因弯曲引起的应变。因此求得最大弯曲应力为

图 3–23 电桥接线图

$$\sigma = E\varepsilon_b = \frac{E\varepsilon_r}{2}$$

还可由下式计算最大弯曲应力,即

$$\sigma = \frac{MD}{2} = \frac{32MD}{\pi(D^4 - d^4)}$$

令以上两式相等,便可求得弯矩为

$$M = \frac{E\pi(D^4 - d^4)}{64D}\varepsilon_r \qquad (3-29)$$

3. 测定扭矩

当圆管受纯扭转时,m 点的应变片 a 和 c 以及 m' 点的应变片 a' 和 c' 都沿主应力方向。又因主应力 σ_1 和 σ_2 数值相等符号相反,故四枚应变片应变的绝对值相同,且 ε_a 与 $\varepsilon_{a'}$ 同号,与 ε_c,$\varepsilon_{c'}$ 异号。如按图 3–23(b)全桥接线,则

$$\varepsilon_r = \varepsilon_a - \varepsilon_c + \varepsilon_{a'} - \varepsilon_{c'} = \varepsilon_1 - (-\varepsilon_1) + \varepsilon_1 - (-\varepsilon_1) = 4\varepsilon_1 \qquad (b)$$

$$\varepsilon_1 = \frac{\varepsilon_r}{4}$$

ε_1 即扭转时的主应变,代入胡克定律式(3–26)得

$$\sigma_1 = \frac{E}{1-\mu^2}(\varepsilon_1 + \mu\varepsilon_2) = \frac{E}{1-\mu^2}[\varepsilon_1 + \mu(-\varepsilon_1)] = \frac{E}{4(1+\mu)}\varepsilon_r$$

因扭转时主应力 σ_1 与切应力 τ 相等,故有

$$\sigma_1 = \tau = \frac{TD}{2I_P} = \frac{16TD}{\pi(D^4 - d^4)}$$

由以上两式不难求得扭矩 T 为

$$T = \frac{E\varepsilon_{\mathrm{r}}}{4(1+\mu)} \cdot \frac{\pi(D^4 - d^4)}{16D} \tag{3-30}$$

当前虽然是扭弯组合,但如在上述四枚应变片的应变中增加弯曲引起的应变,代入式 $\varepsilon_{\mathrm{r}} = \varepsilon_1 - \varepsilon_2 + \varepsilon_3 - \varepsilon_4$ 后将相互抵消,仍然得出式(b),所以上述测定扭矩的方法仍可用于扭弯组合的情况。

3.9.4 实验步骤应注意事项

(1) 选定 m 点(或 m' 点)的应变花,用外补偿片与半桥接线,测出 $\varepsilon_{-45°}, \varepsilon_{0°}, \varepsilon_{45°}$,确定主应变、主应力和主方向。

(2) 取 m 和 m' 两点的纵向应变片 b 和 b',用相互补偿的半桥接线(见图 3-23(a)),测定截面上的弯矩 M。

(3) 取下应变仪接线柱上的三点连接片,以 a, c, a', c' 四枚应变片按图 3-23(b)全桥接线,测定扭矩 T。

(4) 把砝码盘及加力杆的自重作为初载荷 P_0。根据圆管的尺寸和材料性能,选取适宜的最大载荷 $P_{\max}$ 和等增量 ΔP。用砝码加载,对 1,2,3 三项每项测量三次。

圆管装置的尺寸 l, a, D, d 和材料的弹性常数 E 和 μ 都作为已知量给出。

(5) 扭弯组合装置中,圆管的壁厚很薄。为避免装置受损,应注意不能超载,不能用力扳动圆管的自由端和加力杆。

3.9.5 数据处理

(1) 计算主应变、主方向、弯矩、扭矩时,皆取三次测量最大值的平均值计算。三次测量中,重复性不好,或线性不好的一组数据应作为可疑数据,舍去或重做。

(2) 弯矩、扭矩和主应力 σ_1 的理论值分别是

$$M = P_{\max}l, \qquad T = P_{\max}a, \qquad \sigma_1 = \frac{1}{2W}(M + \sqrt{M^2 + T^2})$$

式中,$W = \dfrac{\pi}{32D}(D^4 - d^4)$ 是圆管的抗弯截面系数。

列表比较最大主应力 σ_1、弯矩 M 和扭矩 T 的实测值和相应的理论值,算出相对误差。

3.9.6 实验报告要求

(1) 将实验记录及计算结果填入表中。

(2) 思考题:

① 主应力测量中,应变花是否可沿任意方向粘贴?

② 测弯矩时,这里用两枚纵向片组成相互补偿电路,也可只用一枚纵向片和外补偿电路,两种方法何者较好?

③ 在图 3-24 中,如按下列几种布片和测量方案,请扼要说明是否也可测定扭矩。

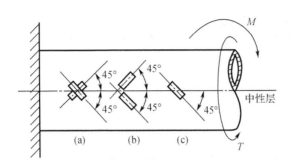

图 3 - 24 应变片布置图

（a）在中性层上,粘贴两枚重叠交叉且与中性层成 45°的应变片（见图 3 - 24（a）），组成半桥互补电路。

（b）两枚中线交于中性层且与中性层成 45°的应变片（见图 3 - 24（b）），组成半桥互补电路。

（c）一枚贴于中性层上且与中性层成 45°的应变片（见图 3 - 24（c）），与外补偿片组成半桥测量电路。

3.9.7 实验报告式样

扭弯组合变形的主应力和内力的测定实验报告

专业班级:_____ 姓名:_____ 学号:_____ 同组人:_____

日期:_____ 指导教师:_____ 成绩:_____

1. 实验设备名称、型号

设 备 名 称	型 号

2. 实验原始数据

圆筒外径 $D = 50$ mm、圆筒内径 $d = 42$ mm、测点位置 $L = 150$ mm、力臂长 $a = 25$ mm、材料弹性模量 $E = 210$ GPa、切变模量 $G = 80$ GPa、杠杆力比 10:1、泊松比 $\mu = 0.28$。

3. 实验数据记录
（1）测主应力（各点应变$\mu\varepsilon$）

载　荷	$\varepsilon_{-45°}$	$\varepsilon_{0°}$	$\varepsilon_{45°}$
100 N			
200 N			
300 N			
400 N			

（2）测定扭矩 T

载　荷	100 N	200 N	300 N	400 N
应变$\mu\varepsilon$				

（3）测定弯矩 M

载　荷	100 N	200 N	300 N	400 N
应变$\mu\varepsilon$				

4. 实验数据处理（取 $F =$ ＿＿＿＿＿ N 时所测定应变值计算）
（1）圆筒在弯扭组合变形下的弯矩、扭矩

$M = F_{max} \cdot l =$ ＿＿＿＿＿

$T = F_{max} \cdot a =$ ＿＿＿＿＿

（2）圆筒在弯扭组合变形下一点处的主应力理论值

$\sigma_1 = \dfrac{1}{2W}(M + \sqrt{M^2 + T^2}) =$ ＿＿＿＿＿

5. 思考题及心得体会

3.10 压杆临界压力的测定实验

3.10.1 实验目的

（1）观察压杆失稳现象。
（2）测定两端铰支压杆的临界压力。
（3）观察改变支座约束对压杆临界压力的影响。

3.10.2 实验设备

（1）带有力传感器和显示器的简易加载装置,或电子万能试验机。
（2）数字应变仪。
（3）大量程百分表及支架。
（4）游标卡尺及卷尺。
（5）试样。压杆试样为由弹簧钢制成的细长杆,截面为矩形,两端加工成带有小圆弧的刀刃。在试样中点的左右两侧沿轴线各贴一枚应变片（见图3－25(a)）。
（6）支座。支座为浅 V 形,压杆变形时两端可绕 z 轴转动,故可作为铰支座。压杆受力模型如图3－25(b)所示。

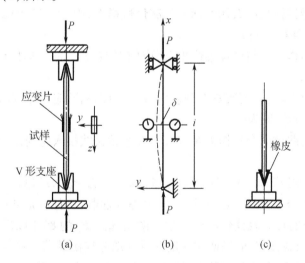

图 3－25 测定临界压力装置图

3.10.3 实验原理

对理想压杆,当压力 P 小于临界压力 P_{cr} 时,压杆的直线平衡是稳定的。即使因微小的横向干扰力暂时发生轻微弯曲,干扰力解除后,仍将恢复直线形状。这时,压力 P 与中点挠度 δ 的关系相当于图3－26 中的直线 OA。当压力到达临界压力 P_{cr} 时,压杆的直线平衡变为不稳定,它可能转变为曲线平衡。按照小挠度理论,P 与 δ 的关系相当于图

3-26中的水平线 AB。两端铰支细长压杆的临界压力由下列欧拉公式计算：

$$P_{cr} = \frac{\pi^2 EI}{l^2} \qquad (3-31)$$

式中，I 为横截面对 z 轴的惯性矩。

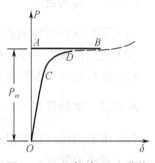

图3-26 压杆的 $P-\delta$ 曲线

实际压杆难免有初弯曲、材料不均匀和压力偏心等缺陷，由于这些缺陷，在 P 远小于 P_{cr} 时，压杆就已出现弯曲。开始，挠度 δ 很不明显，且增长缓慢，如图3-26中曲线 OCD 所示。随着 P 逐渐接近 P_{cr}，δ 将急剧增大。工程中的压杆一般都在小挠度下工作，δ 的急剧加大，将引起塑性变形，甚至破坏。只有弹性很好的细长杆才可以承受大挠度，压力才可能略微超过 P_{cr}。

实验时，在压杆中点的两侧各安置一个百分表，测定 $P-\delta$ 曲线。同时，还可利用中点两侧的应变片，测定 $P-\varepsilon$ 曲线。由上述两曲线的水平渐近线便可确定临界压力 P_{cr}。若用自动装置直接绘制 $P-\delta$ 或 $P-\varepsilon$ 曲线，则测定 P_{cr} 将非常方便。

3.10.4 实验方法及步骤

（1）两端铰支压杆实验。

① 用卷尺测量试样长度 l，用游标卡尺测量试样上、中、下三处的宽度 b 和厚度 h，取其平均值用于计算横截面的 I。

② 为保证压力作用线与试样轴线重合，应使 V 形支座的 V 形槽底线对准试验机支承的中心。

③ 在试样中点左、右两侧装置百分表（如因中点已粘贴应变片，百分表的触头可略微偏离中点），调整起始读数为零。

④ 把试样上的两枚应变片作为 R_1 和 R_2，按半桥接线接入应变仪，加载前将应变仪预调平衡。

⑤ 加载前，用欧拉公式（3-31）求出压杆临界压力 P_{cr} 的理论值。加载分成两个阶段，在理论值 P_{cr} 的 70% ~80% 之前，可采取大等级加载，例如分成 4~5 级，载荷每增加一个 ΔP，读取相应的百分表读数和应变值。载荷超过 P_{cr} 的 80% 以后，载荷增量应取得小些；或者由变形控制，即变形每增加一定数量读取相应的载荷。这样，直到 δ 和 ε 出现明显的增大为止。在整个实验过程中，加载要保持均匀、平稳、缓慢。

为防止压杆发生塑性变形，要密切注意应变仪读数 ε_r。ε_r 虽只是弯曲应变，但在压杆出现明显的 δ 后，它是中点应变中的主要成分。实验时应控制弯曲应力 $\sigma = \frac{1}{2}\varepsilon_r \cdot E$ 小于材料的屈服点 $\sigma_{P0.2}$。

（2）改变压杆支座约束的实验。在下端支座的 V 形槽中塞入两块楔形橡皮，如图3-25(c)所示。试样变形较小时，橡皮对下端约束很弱，下端仍可视为铰支座。随着试样变形的增大，橡皮对下端的约束加强，但又远非刚性固定。由实验可以观察这种支座约束对压杆稳定性的影响。实验步骤与两端为铰支座相同。

3.10.5 实验报告要求

（1）将实验记录数据及计算结果填入表中。

（2）根据 P 与 δ 相对应的数据组,绘出光滑的 $P-\delta$ 曲线和 $P-\varepsilon$ 曲线。从而确定两种支座约束下的临界压力 P_{cr}。

（3）用欧拉公式计算压杆两端铰支时临界压力的理论值,并与实测值进行比较,分析两者存在差异的原因。

（4）据下端支座约束改变后测得的临界压力,求出这种情况下压杆的相当长度 μl 和长度系数 μ。

（5）思考题:

① 若两端 V 形支座的底线不在压杆的同一纵向对称平面内,实测临界压力将是提高还是降低?

② 测量中点挠度 δ,为何要用两只百分表? 如用一只,应采取什么措施才能记录到完整的数据?

③ 若临界压力的实测值远低于理论值,其主要原因是什么?

3.10.6 实验报告式样

压杆临界压力的测定实验报告

专业班级:_____　姓名:_____　学号:_____　同组人:_____

日期:_____　指导教师:_____　成绩:_____

1. 实验设备名称、型号

设备名称	型　号

2. 试样尺寸

试样参数及有关资料	
厚度 h/mm	
宽度 b/mm	
长度 l/mm	
最小惯性矩/mm^4	$I_{min} = bh^3/12$
弹性模量/GPa	$E = 190 \sim 210$

3. 实验结果处理

（1）理论临界压力 $P_{cr理}$ 计算

试样最小惯性矩 $I_{min} = \dfrac{bh^3}{12} = $ _____ mm^4

试样长度 $l = $ _____ m

理论临界力 $P_{cr理} = \dfrac{\pi^2 E I_{min}}{l^2} = $ _____ N

（2）实验值与理论值比较

实验值 $P_{cr实}$	
理论值 $P_{cr理}$	
误差百分率(%) $\lvert P_{cr理} - P_{cr实} \rvert / P_{cr理}$	

4. 绘出光滑的 $P-\delta$ 曲线和 $P-\varepsilon$ 曲线

5. 思考题及心得体会

第4章　机械原理实验

4.1　机构运动简图测绘实验

4.1.1　实验目的

（1）学会绘制机构运动简图的原理和方法。
（2）掌握平面机构自由度的计算方法。

4.1.2　实验设备及工具

（1）缝纫机头或各种机构模型。
（2）卡尺、直尺、铅笔、三角板、圆规及图纸等。

4.1.3　实验原理及方法

1. 机构运动简图

机构运动简图是研究机构结构分析、运动分析、动力学不可缺少的一种简单图形，它表达机构的整体和局部的结构型式，在机械设计初期用以表达设计方案和进行必要的尺寸计算。

由于机构各部分的运动，是由其原动件的运动规律、该机构中各运动副的类型（例如：是高副还是低副，是转动副还是移动副等）和机构的运动尺寸（确定各运动副相对位置的尺寸）来决定的，而与构件的外形（高副机构的轮廓形状除外）、断面尺寸、组成构件的零件数目及固联方式等无关，所以，只要根据机构的运动尺寸，按一定的比例尺定出各运动副的位置，就可以用运动副的代表符号及国家标准规定的常用机构运动简图的符号（见表4-1）和简单的线条将机构的运动情况表示出来。这种用以表示机构运动情况的简化图形就称为机构运动简图。

2. 测绘方法及步骤

（1）机构运动分析，判别运动副种类。使机构缓慢运动，仔细观察机构运动情况。从原动件（连架杆之一）开始，首先判定它与机架之间运动副种类，依次判断与其相连构件之间运动副种类，直到最终运动输出构件（亦为连架构件）为止，从而确定组成机构的构件数目、运动副的种类和数量以及连接顺序。

（2）合理选择视图平面。视图平面的选择以最能清楚表达组成机构的构件数量，运动副种类和数量以及各构件间相对运动关系为原则。对平面机构，一般选择平行于各点运动平面的平面为视图平面，也可选择与该平面垂直的平面作为视图平面。

（3）选择适当比例尺。选择机构运动中适当位置并令其停止不动，认真测量各运动

副间的距离(构件尺寸),机械工程中常用长度比例尺定义如下:

表 4-1 绘制机构运动简图常用符号

名　称	代表符号	名　称	代表符号
两活动构件组成转动副		外齿合圆柱齿轮机构	
一个活动构件与机架组成转动副		内啮合圆柱齿轮机构	
三个转动副同在一构件之上		齿轮齿条传动	
三个转动副的中心处于一条直线上		圆锥齿轮机构	
两活动构件组成移动副		蜗杆蜗轮传动	
一个活动构件与机架组成移动副		棘轮机构	
凸轮机构		传动螺杆和螺母	

$$\mu_L = \frac{L_{AB}}{l_{ab}}$$

式中　L_{AB}——构件实际长度, m;

　　　l_{ab}——图上线段长度, mm。

根据构件实际长度和图纸的尺寸确定合理的比例尺 μ_L, 使简图与图纸比例适中。

（4）绘制运动简图。计算出各运动副间图纸上长度, 即

$$l_{AB} = \frac{L_{AB}}{\mu_L}$$

画出各运动副相对位置, 用线条连接各运动副即得机构运动简图（机构运动瞬时各构件位置图）。

机械工程设计中, 没有按准确比例尺画出的机构运动简图称为机构示意图, 由于作图简单, 亦能基本表达机构的结构和运动情况, 故常用机构示意图代替机构运动简图。

（5）计算机构自由度。根据下面公式计算机构自由度：

$$F = 3n - 2P_L - P_H$$

式中　n——活动构件数;

　　　P_L——低副数（移动或转动副）;

　　　P_H——高副数。

4.1.4　实验报告要求

（1）缝纫机头机构运动简图测绘。

① 画出各专用机构运动简图并计算其自由度。

② 画出缝纫机头总的机构示意图。

（2）其他机构运动简图测绘。学生在各种机构模型中任选 5 个以上机构, 画出机构运动简图并计算其自由度。

（3）思考题：

① 正确的机构运动简图说明哪些内容？

② 原动件在绘制机构运动简图时的位置为什么可以选定？

③ 机构自由度的意义是什么, 原动件数目与机构自由度数的关系如何？

4.1.5 实验报告式样

机构运动简图测绘实验报告

专业班级：_____　　姓名：_____　　学号：_____　　同组人：_____

日期：_____　　指导教师：_____　　成绩：_____

1. 填写机构名称、画出各专用机构运动简图并计算其自由度

序　号	机构名称	运动简图	比例尺	自由度计算
1				
2				
3				
4				

2. 画出缝纫机头总的机构示意图

3. 其他机构运动简图测绘并计算其机构自由度

4.思考题及心得体会

4.2　齿轮范成原理实验

4.2.1　实验目的

（1）掌握用范成法制造渐开线齿轮齿廓的基本原理。
（2）了解渐开线齿轮产生根切现象的原因和避免根切的方法。
（3）分析比较标准齿轮和变位齿轮的异同点。

4.2.2　实验设备及工具

（1）齿轮范成仪。
（2）圆规、比例尺、铅笔、剪刀等文具。
（3）$\varPhi_{\min} = 260$ mm 圆形图纸一张。

4.2.3　实验原理及方法

1. 范成法切齿原理

渐开线齿廓切削加工方法分为仿形法和范成法。范成法是批量生产高精度齿轮最常用的一种方法,可以用一把刀具加工出模数、压力角相同而齿数不同的标准和各种变位齿轮齿廓且加工精度高,如插齿、滚齿、剃齿、磨齿等都属于这种方法。范成法是利用一对齿轮相互啮合时其共轭齿廓互为包络线的原理来切制齿廓的。假想将一对相啮合的齿轮(或齿轮与齿条)之一作为刀具,另一个作为轮坯,并使两者按固定传动比传动,同时刀具做切削运动,则在轮坯上便可加工出与刀具齿廓共轭的齿轮齿廓。范成法切制渐开线齿廓是在专用机床(如插齿机、滚齿机、剃齿机、磨齿机等)上进行的,渐开线齿廓的形成过程不容易清晰地看到,"齿轮范成原理实验"是利用专用实验仪器模拟齿条插刀与轮坯的范成加工过程,用图纸取代轮坯,用铅笔记录刀具在切削过程中的一系列位置,展现包络线形成的过程,可清楚地观察到范成法加工齿轮齿廓的过程。

2. 齿轮范成仪

范成仪的工作原理如图 4－1 所示,圆盘 1 绕轴心 O 转动,齿条插刀 2 利用圆螺母 4 和托板 3 固联,圆盘 1 的背面固联一齿轮与托板 3 上的齿条相啮合。当托板 3 在机架导轨上水平移动时,圆盘 1 相对托板 3 转动,完成范成运动。

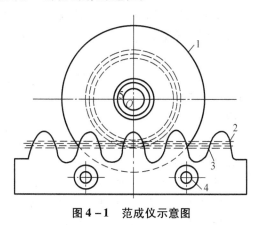

图 4－1　范成仪示意图

在范成仪中齿条插刀的已知参数为

模数 $m =$ _____;

压力角 $\alpha =$ _____;

齿顶高系数 $h_a^* =$ _____;

顶隙系数 $c^* =$ _____。

4.2.4　实验步骤

要求绘制标准齿轮齿廓与正变位(不根切)齿轮齿廓各一种。

(1) 轮坯制作。根据已知的刀具参数和被加工齿轮分度圆直径,计算被加工齿轮的基圆直径、最小变位系数、变位系数、齿顶圆与齿根圆直径以及变位齿轮的齿顶圆与齿根圆直径。然后根据计算数据将上述六个圆画在同一张图纸上,并沿最大圆的圆周剪成圆形纸片,作为本实验用的"轮坯"。

(2) 绘制标准齿轮齿廓($x = 0$)。

已知刀具的参数 α, m, h_a^*, c^* 及绘制齿轮的齿数 z,计算下面数据。

分度圆直径　$d = mz =$ _____;

齿顶圆直径　$d_a = d + 2h_a^* m =$ _____;

齿根圆直径　$d_f = d - 2h_f = d - 2(h_a^* + c^*)m =$ _____;

基圆直径　$d_b = d\cos\alpha =$ _____;

中心孔直径　$\Phi =$ _____,$D_{max} =$ _____;

① 将轮坯安装在范成仪的圆盘上。

② 调节刀具中线,使其与被加工齿轮分度圆相切。刀具处于绘制标准齿轮时的安装位置上。

③ 范成齿廓。

将刀具推向一边极限位置依次移动刀具(每次不超过 2～3 mm)并用铅笔描出刀具

各瞬时位置,要求范成出 2~3 个以上完整的齿形即可。

绘制齿廓时,先把刀具移向一端,使刀具的齿廓退出轮坯中标准齿轮的齿顶圆;然后每当刀具向另一端移动 2~3 mm 距离时,描下刀刃在图纸轮坯上的位置,直到形成两个完整的轮齿时为止。此时应注意轮坯上齿廓形成的过程。

④ 观察根切现象(用标准渐开线齿廓检验所绘得的渐开线齿廓或观察刀具的齿顶线是否超过被加工齿轮的极限点)。

(3) 绘制变位齿轮(不根切)。

已知刀具的参数 α, m, h_a^*, c^* 及绘制齿轮的齿数 z,计算下面数据。

最小变位系数 x_{min}

$$x_{min} = \frac{h_a^*(z_{min} - z)}{z_{min}}$$

式中,$z_{min} = 17$。

取 $x = $ _____ ;

齿条插刀移距量 $X = xm = $ _____ ;

分度圆直径 $d = mz = $ _____ ;

基 圆直径 $d_b = d\cos\alpha = $ _____ ;

齿顶圆直径 $d_a = d + 2h_a^* m + 2X = d + 2h_a^* m + 2xm = $ _____ ;

齿根圆直径 $d_f = d - 2h_f + 2xm = $ _____ 。

① 重新调整刀具,使刀具中线远离轮坯中心,移动距离为避免根切的最小值(即齿条插刀移距量 $X = xm$),再绘制齿廓。

② 比较标准齿形与正变位齿形的异同点。

(4) 绘制负变位齿轮(选作)。

4.2.5　实验报告要求

(1) 齿条插刀的主要参数:

模数 $m = $ _____ ;压力角 $\alpha = $ _____ ;齿顶高系数 $h_a^* = $ _____ ;顶隙系数 $c^* = $ _____ 。

(2) 分别计算标准齿轮和变位齿轮的尺寸参数并填入表格。

(3) 思考题:

① 用范成法加工齿轮时齿廓曲线是如何形成的?

② 试比较标准齿轮齿廓与正变位齿轮齿廓形状是否相同(如图 4-2 所示),为什么?

③ 产生根切的原因是什么,在加工齿轮时如何避免根切现象?

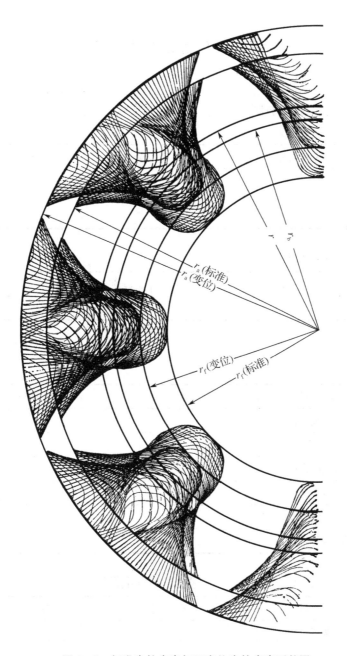

图 4 - 2　标准齿轮齿廓与正变位齿轮齿廓形状图

4.2.6 实验报告式样

齿轮范成原理实验报告

专业班级：_____ 姓名：_____ 学号：_____ 同组人：_____

日期：_____ 指导教师：_____ 成绩：_____

1. 实验设备名称、型号

设备名称	型　号

2. 齿条插刀的主要参数

名　　称	模　数	压力角	齿顶高系数	顶隙系数
数　值				

3. 数据计算

（1）标准齿轮　$z = $_____

序　号	项　目	公　式	计算结果	备　注
1	分度圆直径			
2	基圆直径			
3	齿顶圆直径			
4	齿根圆直径			
5	分度圆齿厚			
6	分度圆齿槽宽			

（2）正变位齿轮　$z = $_____　　要求：不发生根切

序　号	项　目	公　式	计算结果	备　注
1	分度圆直径			
2	基圆直径			
3	最小变位系数			
4	齿条插刀移距量			
5	齿顶圆直径			
6	齿根圆直径			
7	分度圆齿厚			

4. 思考题及心得体会

4.3 渐开线直齿圆柱齿轮参数的测定实验

4.3.1 实验目的

(1) 掌握应用游标卡尺测定渐开线直齿圆柱齿轮基本参数的方法。

(2) 通过测量和计算,熟练掌握有关齿轮各几何参数之间的相互关系和渐开线性质的知识。

4.3.2 实验设备及工具

(1) 齿轮一对(齿数为奇数和偶数的各一个)。

(2) 游标卡尺。

(3) 渐开线函数表。

(4) 计算工具(自备)。

4.3.3 实验原理和方法

单个渐开线直齿圆柱齿轮的基本参数有:齿数 z、模数 m、分度圆压力角 α、齿顶高系

数 h_a^* 和变位系数 x;一对渐开线直齿圆柱齿轮啮合的基本参数有:啮合角 α'、顶隙系数 c^* 和中心距 a。

本实验是用游标卡尺来测量轮齿,并通过计算得出一对直齿圆柱齿轮的基本参数。其方法如下:

(1)确定齿轮的模数 m(或径节 D_p)和分度圆压力角 α。我们采用测基圆齿距加查表的方法一次确定 m 和 α。

测量原理如图 4-3 所示,由渐开线性质,渐开线的法线恒切于基圆,其长度等于基圆上两渐开线起点间的弧长,跨 n 个齿的公法线与跨 $(n+1)$ 个齿的公法线仅短一个基圆齿距 p_b。为了保证卡脚与齿廓的渐开线部分相切,对不同齿数规定跨齿数 n,所需的跨齿数 n 按下式计算:

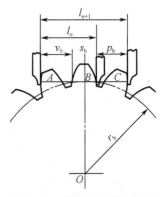

$$n = \frac{\alpha}{180}z + 0.5$$

图 4-3　齿轮参数测定原理

或直接由表 4-2 查出。

若卡尺跨 n 个齿,其公法线长度为

$$l_n = (n-1)p_b + s_b$$

同理,若卡尺跨 $n+1$ 个齿,其公法线长度则应为

$$l_{n+1} = np_b + s_b$$

所以

$$l_{n+1} - l_n = p_b$$

表 4-2　跨齿数 n

z	12~18	19~27	28~36	37~45	46~54	55~63	64~72	73~81
n	2	3	4	5	6	7	8	9

又因

$$p_b = p\cos\alpha = \pi m\cos\alpha$$

所以

$$m = \frac{p_b}{\pi\cos\alpha}$$

虽然 m 和 α 都已标准化了,但压力角除 20°外尚有其他值,故应分别代入,算出其相应的模数,其数值最接近于标准值的一组 α 和 m,即为所求的值。否则应按径节制计算。

根据测得的基圆齿距 p_b,利用表 4-3 可直接查出与测量结果相等或相近的 m(或 D_p)和 α 值。

(2)确定齿轮的变位系数。由前面公式知

$$s_b = l_{n+1} - np_b$$

又由渐开线性质知,基圆齿厚为

$$s_b = s\cos\alpha + 2r_b\text{inv}\alpha = m\left(\frac{\pi}{2} + 2x\tan\alpha\right)\cos\alpha + 2r_b\text{inv}\alpha$$

由此得

$$x = \frac{\frac{s_b}{m\cos\alpha} - \frac{\pi}{2} - z\operatorname{inv}\alpha}{2\tan\alpha}$$

注意:若求得 x 小于 0.1 则认为该齿轮为标准齿轮。

(3)确定齿轮的齿顶高系数 h_a^*,和顶隙系数 c^*。根据齿轮齿根高的计算公式

$$h_f = \frac{mz - d_f}{2}$$

又

$$h_f = m(h_a^* + c^* - x)$$

齿根圆直径 d_f 可用游标卡尺测定,因此可求出齿根高 h_f。在式 $h_f = m(h_a^* + c^* - x)$ 中仅 h_a^* 和 c^* 未知,由于不同齿制的 h_a^* 和 c^* 均为已知标准值,故分别用正常齿制 $h_a^* = 1$, $c^* = 0.25$ 和短齿制 $h_a^* = 0.8$,$c^* = 0.3$ 两组标准值代入,符合式 $h_f = m(h_a^* + c^* - x)$ 的一组即为所求的值。

表 4 – 3 基圆齿距 $p_b = \pi m\cos\alpha$ 的数值

模数 m	径节 D_p	$p_b = \pi m\cos\alpha$			
		$\alpha = 22.5°$	$\alpha = 20°$	$\alpha = 15°$	$\alpha = 14.5°$
1	25.400	2.902	2.952	3.053	3.014
1.25	20.320	3.682	3.690	3.793	3.817
1.5	16.933	4.354	4.428	4.552	4.562
1.75	14.514	5.079	5.166	5.310	5.323
2	12.700	5.805	5.904	6.069	6.080
2.25	11.289	6.530	6.642	6.828	6.843
2.5	10.160	7.256	7.380	7.586	7.604
2.75	9.236	7.982	8.118	8.345	8.363
3	8.467	8.707	8.856	9.104	9.125
3.25	7.815	9.433	9.594	9.862	9.885
3.5	7.257	10.159	10.332	10.621	10.645
3.75	6.773	10.884	11.071	11.379	11.406
4	6.350	11.610	11.808	12.138	12.166
4.5	5.644	13.016	13.258	13.655	13.687
5	5.080	14.512	14.761	15.173	15.208
5.5	4.618	15.963	16.237	16.690	16.728
6	4.233	17.415	17.713	18.207	18.249
6.5	3.908	18.866	19.189	19.724	19.770
7	3.629	20.317	20.665	21.242	21.291

表 4 – 3（续）

模数 m	径节 D_p	$p_b = \pi n \cos\alpha$			
		$\alpha = 22.5°$	$\alpha = 20°$	$\alpha = 15°$	$\alpha = 14.5°$
8	3.175	23.220	23.617	24.276	24.332
9	2.822	26.122	26.569	27.311	27.374
10	2.540	29.024	29.512	30.345	30.415
11	2.309	31.927	32.473	33.380	33.457
12	2.117	34.829	35.426	36.414	36.498
13	1.954	37.732	38.378	39.449	39.540
14	1.814	40.634	41.330	42.484	42.581
15	1.693	43.537	44.282	45.518	45.623
16	1.588	46.439	47.234	48.553	48.665
18	1.411	52.244	53.138	54.622	54.748
20	1.270	58.049	59.043	60.691	60.831
22	1.155	63.584	64.947	66.760	66.914
25	1.016	72.561	73.803	75.864	76.038
28	0.907	81.278	82.660	84.968	85.162
30	0.847	87.07	88.564	91.04	91.25
33	0.770	95.787	97.419	100.14	100.371
36	0.651	104.487	106.278	109.242	109.494
40	0.635	116.098	118.086	121.38	121.66
45	0.564	130.61	132.85	136.55	136.87
50	0.508	145.12	147.61	151.73	152.08

（4）确定一对互相啮合的齿轮的啮合角 α' 和中心距 a。一对互相啮合的齿轮，用上述方法分别确定其模数 m、压力角 α 和变位系数 x_1, x_2 后，可用下式计算啮合角 α' 和中心距 a：

$$\text{inv}\alpha' = \frac{2(x_1 + x_2)}{z_1 + z_2}\tan\alpha + \text{inv}\alpha$$

$$\alpha = \frac{m}{2}(z_1 + z_2)\frac{\cos\alpha}{\cos\alpha'}$$

实验时，可用游标卡尺直接测定这对齿轮的中心距 a'，测定方法如图 4 – 4 所示。首先使该对齿轮作无齿侧间隙啮合，然后分别测量齿轮的孔径 d_{k1} 和 d_{k2} 及尺寸 b，由此得

$$a' = b + \frac{1}{2}(d_{k1} + d_{k2})$$

4.3.4 实验步骤

（1）直接数齿轮的齿数 z。

（2）计算或查表得测量时卡尺的跨齿数。

（3）测量公法线长度 l_n 和 l_{n+1} 及齿根圆直径 d_f、中心距 a'，每个尺寸应测量三次，取其平均值作为测量结果。

（4）逐个计算齿轮的参数，最后将计算的中心距与实测的中心距进行比较。

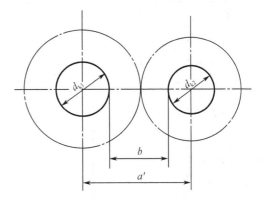

图 4-4　齿轮的中心距 a' 的测量方法

4.3.5 实验报告要求

（1）确定模数和分度圆压力角。

（2）齿轮其他参数确定和尺寸计算：

① 变位系数。

② 齿顶高系数。

③ 顶隙系数。

（3）思考题：

① 测量齿轮公法线长度是根据渐开线的什么性质？

② 测量时卡尺的卡脚若放在渐开线齿廓的不同位置上对测量的 l_n，l_{n+1} 有无影响，为什么？

③ 齿轮的哪些误差会影响到本实验的测量精度？

④ 在测量齿根圆直径 d_f 时，对齿数为偶数和奇数的齿轮在测量方法上有什么不同？

⑤ 通过两个齿轮的参数测定，试判别该对齿轮能否互相啮合。如能，则进一步判别它们的传动类型是什么？

4.3.6 实验报告式样

渐开线直齿圆柱齿轮参数的测定实验报告

专业班级：_____ 姓名：_____ 学号：_____ 同组人：_____

日期：_____ 指导教师：_____ 成绩：_____

　　1. 参数测定与计算

齿轮编号								
	齿数 z							
	跨齿数 n							
测量数据	测量次数	1	2	3	平均值	1	2	3	平均值
	n 齿公法线长 l_n							
	$n+1$ 齿公法线长 l_{n+1}							
	孔径 d_k							
	尺寸 b							
	中心距 a'							
计算数据	基圆齿距 p_b							
	模数 m							
	压力角 α							
	齿顶高系数 h_a^*							
	顶隙系数 c^*							
	基圆齿厚 s_b							
	分度圆直径 d							
	变位系数 x							
	啮合角 α'							
	中心距 a							
	中心距的相对误差 $\dfrac{a-a'}{a}$							

2. 思考题和心得体会

4.4 刚性转子动平衡实验

4.4.1 实验目的

(1) 掌握用动平衡机对刚性转子进行动平衡的原理和方法。

(2) 巩固所学过的转子动平衡的理论知识。

4.4.2 实验设备和工具

(1) 闪光式动平衡机。

(2) 实验用转子。

4.4.3 实验原理及方法

1. 刚性转子动平衡

转子在运转中产生的不平衡惯性力系将在运动副中产生附加的周期变化的动压力，对机械的正常工作和使用寿命以至周围机械工作、厂房建筑都会产生影响甚至破坏，因此，必须设法将构件不平衡惯性力加以消除或减小，即进行机械平衡，由平衡理论可知，对于任何动不平衡的刚性转子，无论其具有多少个偏心质量，以及分布于多少个回转平面内，只要在选定的两个平衡基面内分别各加上或者除去一个适当的平衡质量，即可得到完全平衡，即动平衡(双面平衡)后静平衡自然满足。

2. 闪光式动平衡实验机

实验机如图 4-5 所示，主要由主机和操作箱两部分组成。主机上有能够水平摆动的左右两个支承座 2，每个支承座的两端各有一个钢支承板与之相固接，而钢支承板 5 的另一端固接在底 6 上，构成能水平摆动的硬支承。每个支承座都可以利用扳把来"锁住"或"放开"。被测的回转件水平地放在这两个支承座的支承处(V 形槽中)，回转件通过传动带由电机带动其转动(传动带及电机在图中未示出)来进行动平衡实验。传感器 1 与支承座相连，用来测取振动信号；闪光灯 4 用来测读回转件的不平衡"重点"或"轻点"的方位。传感器和闪光灯的电路均安装在操作箱内。

3. 工作原理

回转件(实验件)3，其两端各具有一个轴颈和一个校正面。两个轴颈放在两个支承座 2 的 V 形槽中(两个支承座的 V 形槽要求平行和同轴)。两个校正面在回转体两侧的最外端，它们的外圆上刻有等距的顺序数(或均匀的刻度)，可以用来识别"重点"或"轻点"的方位。当回转件旋转时，由于它存在不平衡质点 7(进行教学实验时，可以在实验用的回转件的校正平面上人为地加上一定的不平衡重量。显然，在这种情况下，不平衡重量的方位就是"重点"的方位，而与其相反(相位差 180°)的方位就是"轻点"的方位)，就产生不平衡离心力，并作用到支承座上。由于回转件是旋转的，不平衡离心力将会作用在支承座各圆周方向上，但实验机的机构限制了支承座在其他各方向的运动，只允许由两个钢支承板 5 支承的支承座 2 在水平方向往复摆动，从而便于对回转件进行动平衡实验。

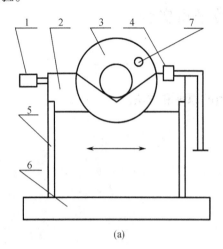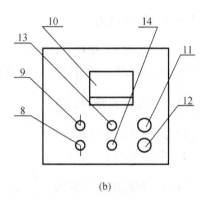

(a)   (b)

图 4 - 5 闪光式动平衡实验机简图

（a）主机；（b）操作箱

1—传感器；2—支承座；3—回转件；4—闪光灯；5—支承板；6—底座；7—不平衡质点；

8—电源开关；9—"重""轻"点转换拨钮；10—微安表；11—微安表量程调节钮；

12—电源指示灯；13—"左"、"右"转换拨钮；14—衰减调节

支承座 2 与传感器 1 相连，当回转件转动时，由于存在不平衡而使支承座摆动，传感器将感受到振动信号，并通过电子线路，一方面在微安表上指示出反映不平衡量大小的微安数，另一方面又分出一路信号，这路信号可用转换拨钮 9 将相应"重点"和"轻点"的相位差为 180°的信号进行倒相处理，再通过波形转换和微分处理，使信号成为窄脉冲去触发闪光发光管 4 闪光。发光管的闪光照射到校正面外圆上的顺序数字或刻度上，由于闪光与支承座振动同步，用人眼观察时就可以看到似乎停止不动的数字或刻度，这数字和刻度的方位也就是要测定的"重点"或"轻点"的方位。测"重点"时，操作箱上的拨钮 9 拨向"重"一侧，测"轻点"时则拨向"轻"一侧。

测定了"轻""重"的方位后，可以在"轻"点方位的半径上（最好在最大半径处的凹槽内）试加一定质量的橡皮泥来配重。然后，再开机进行动平衡实验，可以看到微安表的读数会比配重前有所减小。再反复配重和动平衡测验，直到微安表指示达到最小值，就可以认为回转件已校正到动平衡的要求。

4.4.4 实验步骤

（1）实验前，检查机械传动部分是否灵活，在两轴颈处各滴 2 ~ 3 滴润滑油。

（2）在回转件的两个校正平面的任一个半径上各加一个适当重物（即加入人为的不平衡重量）。

（3）先让左端的支承座放开，而将右端的支承座锁住。

（4）接上电源，打开操作箱上的电源开关 8，回转件旋转。转换拨钮 13 拨向"左"。

（5）转动量程调整旋钮 11，使微安表 10 的电流指示值在 60 ~ 80 μA。如超量程，可

适当衰减。

（6）将闪光灯 4 水平地对准在左侧支承座一侧的回转体校正面的外径圆柱面上（刻有顺序数或刻度的表面上），将操作箱上的转换拨钮 9 拨向"轻"的一侧。这时即可从闪光灯照射处读到"轻点"的方位指示。同时，记下微安表读数。

（7）关闭电源开关 8，用适量橡皮泥在"轻"点方位的半径上试配重。

（8）再次打开电源开关，开动动平衡实验机，观察微安表指示。一般情况下，微安表的读数会有所降低，但还没有达到动平衡要求。

（9）重复上述 6 ~ 8 各步骤，经过多次配重到微安表指示达到最小值。这时，回转件左端达到了动平衡要求。

（10）放开右端支承座，锁住左端支承座。

（11）重复上述 4 ~ 9 各步骤，使回转件的右端也达到动平衡要求。

（12）至此，回转件的动平衡实验即告完成。

4.4.5　实验报告要求

（1）简述左（右）平衡基面平衡过程。

（2）思考题：

① 何为动平衡，哪些构件需要进行动平衡？

② 平衡基面如何选择？

4.4.6　实验报告式样

刚性转子动平衡实验报告

专业班级：_____　　姓名：_____　　学号：_____　　同组人：_____

日期：_____　　指导教师：_____　　成绩：_____

1. 实验设备名称、型号

设备名称	型　号

2. 简述左（右）平衡基面平衡过程

3. 思考题及心得体会

4.5 凸轮廓线检测实验

4.5.1 实验目的

（1）掌握凸轮廓线检测的原理和方法。
（2）巩固和加深凸轮基本理论。

4.5.2 实验设备及工具

（1）凸轮廓线检测仪。
（2）被检测凸轮。

4.5.3 实验原理和方法

1. 检测仪组成

凸轮廓线检测仪由机械分度头、大量程百分表、横移座、纵移座和工作台等主要部分组成，如图 4 - 6 所示。

被测凸轮由 FW - 100 机械分度头带动下转动并读取角度。分度头定数为 40，分度手柄转数 $n = 40/z$，z 为工件所需的等分数。如利用分度盘上 54 孔的孔盘，分度手柄转过一个孔（相当于 $n = 1/54$）则工件的等分数 $z = 40 \times 54 = 2\,160$，即转过 $10'$。

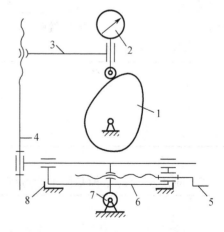

图 4 - 6 凸轮廓线检测仪简图
1—被测凸轮；2—百分表；3—表架；
4—横移座；5—横向丝杠；6—纵移座；
7—纵向丝杠；8—工作台

百分表用来指示凸轮极径或从动杆位移,量程为 30 mm,刻度值 0.01 mm。百分表测杆的端部有不同形式的结构:平底、尖顶、小滚子 $\Phi20$ mm、大滚子 $\Phi30$ mm 等。

横向丝杆能调整横向座的位置,改变导路中心线的偏距,分别调整为对心和偏心凸轮机构。调整范围为 ±20 mm。

其余丝杠分别调整百分表架高度,以适应不同尺寸(径向、轴向)凸轮的检测。

2. 检测原理

凸轮廓线检测原理一般分为两类,一是检测凸轮廓线极坐标图,二是检测出凸轮廓线所决定的从动杆位移曲线。

检测凸轮廓线极坐标图,无论什么形式从动杆的盘状齿轮,一律按对心尖顶直动从动杆盘状齿轮机构原理进行。通常把极轴取在齿轮廓线上开始有位移点的极径处,用分度头带动凸轮转动并指示极角,用大量程百分表指示极径的变化,再利用已知直径的检测棒或心轴或块规就可得出凸轮廓线的极径值。

检测凸轮机构的位移曲线就比较复杂了,因为从动件的位移不仅取决于凸轮实际廓线,还与偏心距,从动件结构形式,滚子半径大小都有关。只有对心尖顶直动从动件盘状凸轮机构位移变化量与廓线极径变化量相等,凸轮转角与廓线转角相等,检测位移曲线与检测极坐标图一样进行。其他形式的凸轮机构,从动杆位移与凸轮廓线极径,凸轮转角和廓线极角,检测位移曲线与检测极坐标图等完全不同。上述这些就是凸轮廓线检测基本原理。

3. 实验内容

(1)用小滚子测头按对心直动从动杆盘状凸轮机构原理测从动件位移。

(2)用尖顶测头按对心直动从动杆盘状凸轮机构原理测凸轮极坐标图。

(3)用小滚子测头按偏置直动从动杆盘状凸轮机构原理测从动杆位移,偏心距 $e = 5$ mm。

(4)用大滚子测头按对心直动从动杆盘状凸轮机构原理测从动杆位移。

(5)用平底测头按对心直动从动杆盘状凸轮机构原理测从动杆位移。

为了计算和绘图方便,测头(从动杆)在起始位置时百分表读数置零。从动杆起始位置是测头与凸轮实际基圆段端点接触时位置,此时从动杆处于最低位置。将测头对心安装,借助尺寸已知的标准圆盘、心轴或块规可以测得极径及基圆半径的尺寸。

4.5.4　实验步骤

(1)安装找正凸轮,使凸轮轴线与分度头主轴轴线重合。

(2)把百分表装上小滚子测头,并调整偏心距为零。转动凸轮找到测量起始位置,旋转百分表刻度盘将指针置零,再通过标准心轴或块规测此位置的极径绝对尺寸——凸轮实际基圆半径,此基圆半径也可事先测好给出。

(3)转动凸轮,每隔 10′,测一次从动杆位移。

(4)将测头移向操作者方向,调偏心距 e 为 5 mm,按偏置直动从动杆原理测从动杆位移。

(5)换尖顶测头,按对心原理测从动杆位移。

（6）将测头换成大滚子,按对心原理测从动杆位移。

（7）将测头换成平底,按对心原理测从动杆位移。

4.5.5　实验报告要求

（1）凸轮试样原始数据。凸轮转向、理论基圆半径、大滚子半径、小滚子半径、升程推程运动角、远休止角、回程运动角、近休止角、偏心距。

（2）记录测量数据。

（3）思考题:

① 测凸轮极坐标图和测位移有什么不同,画出凸轮实际廓线极坐标图。

② 摆动从动杆盘状凸轮的极坐标图如何检测?

4.5.6　实验报告式样

凸轮廓线检测实验报告

专业班级:_____　姓名:_____　学号:_____　同组人:_____

日期:_____　指导教师:_____　成绩:_____

1. 实验设备名称、型号

设 备 名 称	型　号

2. 凸轮试样原始数据

凸轮转向	理论基圆半径	大滚子半径	小滚子半径	升程推程运动角
远休止角	回程运动角	近休止角	偏心距	

3. 测量数据(从动杆位移 S)记录表

	A	B	C	D	E
	滚子半径 $r_T=10$	$r_T=10$	$r_T=0$	$r_T=15$	平底从动杆位移
	偏心距 $e=5$	$e=0$	$e=0$	$e=0$	
	S/mm	S/mm	S/mm	S/mm	S/mm
0°					

续表

	A	B	C	D	E
	滚子半径 $r_T = 10$	$r_T = 10$	$r_T = 0$	$r_T = 15$	平底从动杆位移
	偏心距 $e = 5$	$e = 0$	$e = 0$	$e = 0$	
	S/mm	S/mm	S/mm	S/mm	S/mm
10°					
20°					
30°					
40°					
50°					
60°					
70°					
80°					
90°					
100°					
110°					
120°					
130°					
140°					
150°					
160°					
170°					
180°					
190°					
200°					
210°					
220°					
230°					
240°					
250°					
260°					
270°					

续表

	A	B	C	D	E
	滚子半径 $r_T = 10$	$r_T = 10$	$r_T = 0$	$r_T = 15$	平底从动杆位移
	偏心距 $e = 5$	$e = 0$	$e = 0$	$e = 0$	
	S/mm	S/mm	S/mm	S/mm	S/mm
280°					
290°					
300°					
310°					
320°					
330°					
340°					
350°					
360°					

4. 思考题及心得体会

4.6 机械运动参数测试实验

4.6.1 实验目的

（1）通过实验，了解位移、速度、加速度的测定方法；角位移、角速度、角加速度的测定方法。

（2）通过实验，初步了解"MEC – B 机械动态参数测试仪"及光电脉冲编码器、同步脉冲发生器(或称角度传感器)的基本原理，并掌握它们的使用方法。

（3）通过比较理论运动线图与实测运动线图的差异，并分析其原因，增加对速度、角速度，特别是加速度、角加速度的感性认识。

（4）比较曲柄摇杆机构与曲柄滑块机构的性能差别。

4.6.2 实验设备

（1）MEC – B 机械动态参数测试仪。

（2）曲柄滑块摆杆组合机构。

4.6.3 实验原理和方法

实验系统如图 4 – 7 所示，各组成部分说明如下：

（1）实验机构。测试机构为曲柄滑块机构及曲柄导杆机构(也可采用其他各类实验机构)，其原动力采用直流调速电机，电机转速可在 0 ~ 3 600 r/min 范围作无级调速，机构的曲柄转速为 0 ~ 120 r/min。

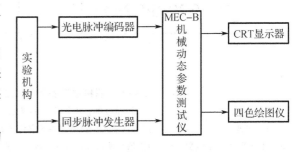

图 4 – 7　实验系统

图 4 – 8 所示为实验机构的简图，利用固接在做往复运动的滑块上齿条推动与齿轮固接的光电脉冲编码器，输出与滑块位移相当的脉冲信号，经测试仪处理后将可得到滑块的位移、速度及加速度。图 4 – 8(a)为曲柄滑块机构的结构形式，图 4 – 8(b)为曲柄导杆机构的结构形式。

（2）MEC – B 机械动态参数测试仪。MEC – B 机械动态参数测试仪的外形结构如图 4 – 9 所示。

测试仪主体的整个测试系统的原理框图如图 4 – 10 所示。

在实验机构的运动过程中，滑块的往复移动通过光电脉冲编码器转换出具有一定频率(频率与滑块往复速度成正比)的两路脉冲，接入测试仪数字通道由计数器计数。也可采用接模拟传感器，将滑块位移转换为电压值，接入测试仪模拟通道，通过 A/D 转换口转变为数字量。

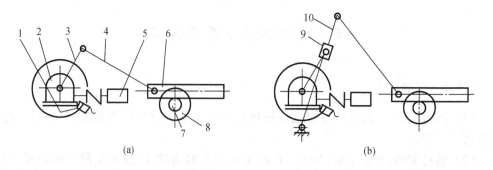

图 4 - 8　实验机构简图

(a)曲柄滑块机构;(b)曲柄导杆机构

1—同步脉冲发生器;2—蜗轮减速器;3—曲柄;4—连杆;5—电机;6—滑块;

7—齿轮;8—光电脉冲编码器;9—导块;10—导杆

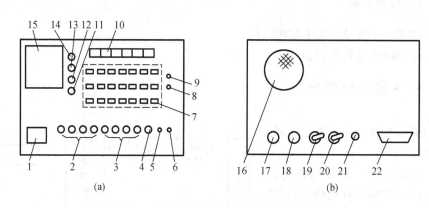

图 4 - 9　机械动态参数测试仪的外形结构

(a)测试仪的正面结构;(b)测试仪的背面结构

1—电源开关;2—四路模拟传感器输入口;3—四路数字传感器输入口;4—转角兼同步传感器输入口;

5—外触发信号输入插口;6—同步信号输入插口;7—键盘;8—磁带信息输入口;9—主机信息储存磁带插口;

10—六位 LED 数码显示器;11—亮度调节;12—对比度调节;13—帧频调节;14—行频调节;15—显示器;

16—冷却风扇;17—电源插座;18—保险插座;19—冷却风扇开关;20—CRT 电源开关;21—外接 CRT 插口;

22—接地端子

测试仪具有内触发和外触发两种采样方式。当采用内触发方式时,可编程定时器按操作者所置入的采样周期要求输出定时触发脉冲;同时微处理器输出相应的切换控制信号,通过电子开关对锁存器或采样保持器发出定时触发信号,将当前计数器的计数值或模拟传感器的输出电压值保持。经过一定延时,由可编程并行口或 A/D 转换读入微处理器中,并按一定的格式存储在机内 RAM 区中。若采用外触发方式,可通过同步脉冲发生器将机构曲柄的角位移信号转换为相应的触发脉冲,并通过电子开关切换发出采样触发信号。利用测试仪的外触发采样功能,可获得以机构主轴角度变化为横坐标的机构运动线图。

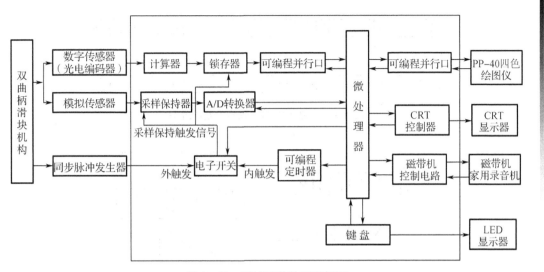

图 4 - 10　测试系统的原理框图

机构的速度、加速度数值由位移经数值微分和滤波得到。

测试系统测试结果不但可以以曲线形式输出,还可以直接打印出各点数值。

(3)光电脉冲编码器。光电脉冲编码器又称增量式光电编码器,它是采用圆光栅通过光电转换成电脉冲信号的器件。它由灯泡、聚光透镜、光电盘、光栏板、光敏管和光电整形放大电路组成。光电盘和光栏板是用玻璃材料经研磨、抛光制成的。如图 4 - 11 所示。

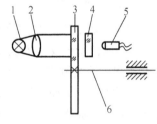

图 4 - 11　光电脉冲编码器原理图
1—灯泡;2—聚光透镜;3—光电盘;
4—光栏板;5—光敏管;
6—光电整形放大电路

在光电盘 3 上用照相腐蚀法制成有一组径向光栅,而光栏板 4 上有两组透光条纹。每组透光条纹后都有一个光敏管,它们与光电盘透光条纹的重合性差 1/4 周期。光源发出的光线经聚光灯聚光后,发出平行光。当主轴带动光电盘 3 一起转动时,光敏管 5 就接收到光线亮、暗变化信号,引起光敏管所通过的电流发生变化,输出两路相位差 90°的近似正弦波信号,它们经放大、整形后得到两路相位差 90°的主波 d 和 d'。d 路信号经微分后加到两个相位相反的方波信号,分别送到与非门剩下的两个输入端作为门控信号,与非门的输出端即为光电脉冲编码器的信号输出端,可与双时钟可逆计数的加、减触发端相连。当编码器转向为正时(如顺时针),微分器取出 d 的前沿 A,与非门 1 打开,输出一负脉冲,计数器作累加计数;当转向为负时,微分器取出 d 的另一前沿 B,与非门 2 打开,输出一负脉冲,计数器作减计数。某一时刻计数器的计数值,即表示该时刻光电盘(即主轴)相对于光敏管位置的角位移量,如图 4 - 12,4 - 13 所示。

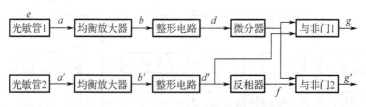

图 4 - 12　光电脉冲编码器电路原理图

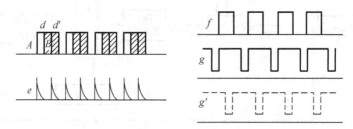

图 4 - 13　光电脉冲编码器电路各点信号波形

4.6.4　实验步骤

1. 滑块位移、速度、加速度测量

（1）将四色绘图仪接入测试仪后面插座，打开 CRT 电源开关，启动面板电源开关、数码管显示"P"，适当调整 CRT 亮度与对比度。若环境温度超过 30 ℃，应打开风扇开关。

（2）调整同步脉冲发生器接头与分度盘位置，使分度盘片插入同步脉冲发生器探头的槽内。拨动联轴器上分度盘转动，每转 2°探头上的绿色指示灯闪烁一次，每转一圈红灯闪烁一次。

（3）将光电编码器输出 5 芯插头及同步脉冲发生器输出插头分别插入测试仪 5 通道及 9 通道插座，在 LED 数码显示器上键入 $0055T_1T_2$（$T_1T_2 \times 0.1$ ms，即代表采样周期，T_1T_2 为 01 ～ 99 间任一整数）。

若采用外触发（即定角度）采样方式，则键入 $0455T_1$（$T_1 = 1 \sim 5$ 分别表示触发角度每次为 2°）。

（4）启动机构，在机构电源接通前应将电机调速电位器逆时针旋转至最低速位置，然后再接通电源，并顺时针转动调速电位器，使转速逐渐加速至所需值（否则易烧断保险丝，甚至损坏调速器），待机构运转正常后，按 EXEC 键，仪器进入采样状态。采样结束后，在 CRT 显示屏上显示位移变化曲线。采样结束后先将电机调速至"零"速，然后关闭机构电机，按 MON 键退出采样状态。

① 键入 005555。

② 主机调速到某一转数。

③ 按 EXEC 键。

④ 主机调速到零。

⑤ 按 MON 键。

⑥ 键入 4050.5。

⑦ 按 EXEC 键。

⑧ 按 MON 键。

⑨ 键入 5052。

⑩ 按 EXEC 键。

仪器对通道已采集的位移数据进行数值微分、滤波、标定等处理,待处理结束后 CRT 显示屏上显示位移、速度和加速度变化曲线及有关特征值数据。

(5) 打印。

按 PRINT 键,即可将屏幕内容拷贝到打印机纸上。打印结束后,按 MON 键,退出当前状态。

2. 角位移、角速度、角加速度测量

本实验以曲柄为测试对象,其步骤如下:

(1) 同步脉冲发生器调整,方法同实验步骤 1(2)。

(2) 将转接线的 5 芯航空插头插入测试仪第 6 通道,另一头插入 J_1。键入 $0066T_1T_2$(定义同前),后按 EXEC 键。

① 键入 006666。

② 主机调速到某一速度。

③ 按 EXEC 键。

④ 主机调速到零。

⑤ 按 MON 键。

⑥ 键入 4062.0。

⑦ 按 EXEC 键。

⑧ 按 MON 键。

⑨ 键入 5162。

⑩ 按 EXEC 键。

采样结束后 CRT 显示采样角位移曲线。按 MON 键退出采样。(注:采用上述方法测曲柄角位移时,无外触发采样功能)。

(3) 打印。

同实验步骤 1 中的(5)。

3. 转速及回转不匀率测试

(1) 同实验步骤中的 1,2 将同步脉冲发生器调整好,并将 5 芯航空插头插入 9 通道。

① 键入 300。

② 开机(电机调速)。

③ 按 EXEC 键。

④ 按 REST 键。

⑤ 键入 31993。

⑥ 按 EXEC 键。

测试结束后,在 CRT 上显示反转不匀率动态曲线及特征值。

（2）打印。按 PRINT 键即可。

4.6.5　实验报告要求

（1）画出机构简图。

（2）打印出运动曲线。

（3）比较理论运动线图与实际运动线图的差异，并分析其原因。

（4）思考题：

① 分析曲柄导杆机构机架长度及滑块偏置尺寸对运动参数的影响。

② 分析曲柄滑块机构和曲柄导杆机构的滑块运动线图的异同点。

4.6.6　实验报告式样

机械运动参数测试实验报告

专业班级：_____　姓名：_____　学号：_____　同组人：_____

日期：_____　　指导教师：_____　　成绩：_____

1. 实验设备名称、型号

设备名称	型　　号

2. 实验记录与理论曲线比较

机构类型	运动参数	实测曲线	理论曲线	说　明
曲柄滑块机构	滑块速度			
	滑块加速度			

续表

机构类型	运动参数	实测曲线	理论曲线	说　明
曲柄导杆机构	滑块速度			
	滑块加速度			

3. 思考题及心得体会

4.7　机械动力参数测试实验

4.7.1　实验目的

（1）熟悉机组运转时工作阻力的测试方法。

（2）理解机组稳定运转时速度出现周期性波动的原因。

（3）理解飞轮的调速原因。

（4）了解机组启动和停车过程的运动规律。

（5）实验所得的压强－转角曲线可作为飞轮设计作业的原始数据。

4.7.2 实验设备

（1）MEC – B 机械动态参数测试仪。

（2）空压机组。

4.7.3 实验原理和方法

本实验系统由如图 4 – 14 所示设备组成。

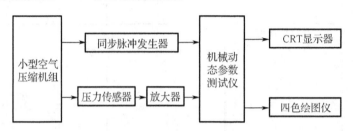

图 4 – 14 实验系统框图

1—小型空气压缩机组；2—机械动态参数测试仪；3—四色绘图仪；
4—同步脉冲发生器；5—压力传感器；6—放大器；7—CRT 显示器

1. 压力传感放大器

（1）空压机组。如图 4 – 15 所示，空压机组由空压机 1、飞轮 4 及传动轴、机座等组成。压力传感器安装在空压机机身内，11 为压力传感器输出线。脉冲发生器的分度盘 7（光栅盘）固装在空压机的电机轴上，8 为脉冲发生器探头的输出线。在开机时，改变压缩空气开关 3 的角度，即可改变储气罐 2 中的空气压强，因而也就改变了机组的负载，压强值可由附于储气罐上的压力表 9 上直接读出。根据实验需要，可从传动轴上随时把飞轮 4 拆下或装上，拆下时注意保存平键 5，装上时应放入平键，并拧紧端面螺母 6。10 为空压机电机的动力开关。

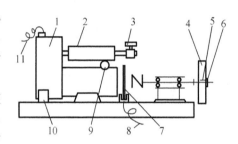

图 4 – 15 空压机组简图

1—空压机；2—储气罐；3—开关；

4—飞轮；5—平键；6—螺母；

7—分度盘片；8—脉冲发生器输出线；

9—压力表；10—动力开关；

11—压力传感器输出线

（2）压力传感器和放大器。实验台所采用的压力传感器是美国产的 MPX 系列压阻型压力传感器，如图 4 – 16 所示，其敏感元件为半导体力敏器件（膜片），其压敏部分采用一个 X 型电阻四端网络结构，替代由四个电阻组成的电桥结构。在气压作用下，膜片产生变形，从而改变了电阻值，输出与压强对应的电信号。

传感器输出的信号过于微弱，为了与测试仪匹配，设置了放大器。放大器的结构如图 4 – 17 所示。在放大器背面设有调零和放大倍数的旋钮。

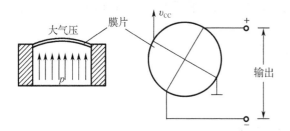

图 4 – 16　压力传感器

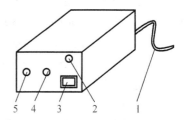

图 4 – 17　压力传感放大器

1—电源线;2—指示灯;3—放大器
电源开关;4—输出插孔;5—输入插孔

2. MEC – B 机械动态参数测试仪

仪器具有内触发和外触发两种采样功能,本实验的机组回转不匀率测定及活塞压强曲线的测定均采用外触发形式。在测定回转不匀率时,通过脉冲发生器将空压机主轴(电机轴)的角位移信号转换成相应的触发脉冲,并通过电子开关切换发出采样触发信号,经过测试仪的处理、运算,即可得主轴的角速度变化曲线及回转不匀率。

开始采样的起点是由分度盘上长缝转过光源时发出的,此时传感器探头上的红灯熄灭一次。在测定活塞压强曲线时,活塞缸盖上的压力传感器将压强转换成电压输出,经放大器放大,接入模拟通道,经过 A/D 转换,转变为数字量,开始采样的起始信号仍由分度盘上长缝转过光源时发出。利用测试仪的外触发采样及运算功能,即可获得活塞压强曲线(如乘以活塞面积,实际上只相当于比例尺的改变),也就是总压力(生产阻力)曲线。

4.7.4　实验步骤

1. 主轴角速度曲线及回转不均匀率的测定

(1) 将四色绘图仪接入测试仪背面插座,打开 CRT 电源开关。

(2) 测试仪接通电源,打开测试仪面板电源开关,数码管上显示“P”适当调整 CRT 的亮度及对比度。

(3) 若环境温度超过 30°,应打开测试仪背板上的风扇开关,启动冷却风扇。

(4) 将同步脉冲发生器接通道 9。调整发生器探头的前后左右位置,使分度盘片插入探头的槽口之中;用手转动盘片联轴器(切不可扳盘片以免损坏盘片),当盘片每转过 2°时(光栅缝的间隔),探头上的绿色指示灯应闪烁一次,当分度盘转一周,盘片上长缝转过探头时,探头上的红色指示灯应熄灭一次。

(5) 在未装飞轮的条件下,开主机,将压力调整到 0.15 MPa 附近。

(6) 在 LED 数码显示器上键入指令 $3199T_1$,其中 3,1 为测试仪功能测不匀率的代号;9 为检测通道号;T_1 为采样间隔代号。

键入指令后,在 CRT 上将显示出角速度动态曲线、回转不均匀率及其他特征值。

(7) 停机按 PRINT 键,打印机即能输出实验结果(曲线及数据)。

(8) 为了测得不同负载情况下机组的回转不均匀率,可重复操作(5),(6),(7),(8),并调节储气罐开关的角度,使气压表达到不同数值(如 0.3 MPa,0.45 MPa)。

⑨安装飞轮,注意放入平键,并旋紧轴端螺母,重复操作(5),(6),(7),(8)三次,并使气压表仍为0.15 MPa,0.3 MPa,0.45 MPa。

2. 机组启动和停车阶段运动规律的测试

(1) 在有飞轮的条件下进行启动运动测试。

① 键入 31992。

② 按 EXEC 键。

③ 开主机,待屏幕上显示角速度曲线后关机。

④ 按 PRINT 键,输出启动阶段角速度曲线。

(2) 在有飞轮条件下进行停车运动测试。

① 接线,将转接线五星插头接到通道6,另一端接到 J_1。

② 键入 016602。

③ 开机到稳定运转后,按 EXEC 键,同时关机。在测试仪屏幕上显示出角位移曲线。

④ 按 MON 键。

⑤ 键入 4060.2。

⑥ 按 MON,再键入 5196。

⑦ 按 PRINT 键。

(3) 拆去飞轮,在无飞轮条件下进行启动运动测试和停车运动测试。

3. 气缸压强曲线的测试

(1) 重复实验步骤1中的(1),(2),(3),(4)。

(2) 将空压机压力传感器输出线接至放大器输入口,放大器电源线接 220 V,启动放大器电源开关。调节调零电位器,使空载时输出电压为 1 V 左右,然后将放大器输出。

(3) 先接至测试仪的模拟通道1。

(4) 在未装飞轮的条件下,启动空压机电机,调节储气罐开关,使气压表指针达到0.15 MPa。

(5) 在 LED 显示器上键入以下指令。

其中标定数"X X X"本应是当放大器输出为 5 V 时压力传感器上所受的压强值,此值需用专门装置测定,由于以下的分析均为正比关系,此数值的大小不影响分析结果,故此处不妨取为"100"。T_1 为采样角度间隔代码。键入指令后,在 CRT 上将显示出气缸压强、曲柄转角曲线及各特征值。此时 p_{max} 值应小于标定值。一般取 p_{max} 为90左右较合适。

(6) 关掉空压机电机。

(7) 按 PRINT 键,打印出气压表的表压为 0.15 MPa 时的气缸压强曲线及 p_{max},p_{min}。(这还不是真实的压强值,为取得真实值,还需对曲线作标定处理)。

(8) 为了测得不同负载条件下的 $p - \theta$ 曲线,重复操作(4),(5),(6),(7),并使气压表分别为 0.3 MPa,0.45 MPa。

4. 压强曲线 $p - \theta$ 的标定

空压机运行时,气缸内压强作周期性变化,如图 4-18 所示,其纵坐标以一定的比例尺 U_p 代表压强值。

参阅图 4-18(b),分析空压机的机构运行情况。当曲柄位置从 a 点转至 b 点,活塞

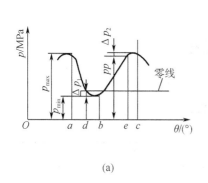
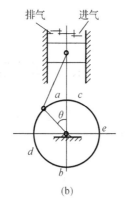
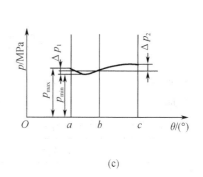

(a)   (b)   (c)

图 4 – 18　压强曲线标定

(a)压强变化图;(b)空压机运行图;(c)转角曲线图

为回程。此阶段气缸内压强迅速下降,至某位置 d 点时,曲线不再下降,此时气缸进气阀打开,也就是气缸与大气连通,往气缸进气。为了保持进气阀的持续开启,气缸内压强应比大气压强低 $U_p \cdot \Delta p_1$,这也就是阀门的损耗。当曲柄由位置 b 转至 c 点,为活塞压缩行程。此阶段进气阀门关闭,气缸内压强不再上升。为了使排气阀持续打开,气缸内压强应比储气罐内的压强(即储气罐气压表的表压值 S)高 $U_p \cdot \Delta p_2$,由图 4 – 18(a)显然可得

$$S = U_p \cdot p_p = U_p \cdot [p_{\max} - p_{\min} - (\Delta p_1 + \Delta p_2)] \tag{4 – 1}$$

为了求得 $(\Delta p_1 + \Delta p_2)$,完全打开储气罐开关,启动空压机,此时气压表的表压为零,重复操作(3),(4),(5),测得表压为零时的压强 – 转角曲线如图 4 – 18(c)所示。由于此时表压为零,显然可得

$$p_{0\max} - p_{0\min} = \Delta p_1 + \Delta p_2 \tag{4 – 2}$$

将式(4 – 1)代入式(4 – 2),得

$$S = U_p [(p_{\max} - p_{\min}) - (p_{0\max} - p_{0\min})]$$

由于进气阀与出气阀的结构相同,可认为

$$U_p = \frac{S}{[(p_{\max} - p_{\min}) - (p_{0\max} - p_{0\min})]}$$

由图 4 – 18(a)不难看出,压强为零的零线位置可由 $\delta = p_{\min} + \Delta p_1$ 确定。求出比例尺 U_p,并确定了零线位置后,$p - \theta$ 曲线就完全被标定了,曲柄在各个 θ 位置时气缸内的压强值即可自测得的 $p - \theta$ 曲线中读出。

4.7.5　实验报告要求

(1)打印出曲线。

(2)思考题:

① 空压机在稳定运转时,为什么有周期性速度波动?

② 随着工作载荷的不断增加,速度波动出现什么变化,为什么?

③ 加飞轮与不加飞轮相比,速度波动有什么变化,为什么?

4.7.6　实验报告式样

机械动力参数测试实验报告

专业班级：＿＿＿＿＿　姓名：＿＿＿＿＿＿　学号：＿＿＿＿＿＿　同组人：＿＿＿＿＿＿＿

日期：＿＿＿＿＿＿＿＿　指导教师：＿＿＿＿＿＿＿＿　成绩：＿＿＿＿＿＿＿＿

1. 实验设备名称、型号

设备名称	型　号

2. 画出机构设计草图

3. 仿真曲线

4. 实测曲线

5. 机械最终方案

6. 思考题及心得体会

4.8　曲柄导杆滑块、曲柄滑块机构测试、仿真及设计综合实验

4.8.1　实验目的

（1）利用计算机分别对曲柄导杆滑块机构和曲柄滑块机构动态参数进行采集、处理，作出实测的动态参数曲线，并通过计算机对该平面机构的运动进行数模仿真，作出相应的动态参数曲线。

（2）利用计算机分别对曲柄导杆滑块机构和曲柄滑块机构结构参数进行优化设计，然后，通过计算机对该平面机构的运动进行仿真和测试分析，从而实现计算机辅助设计与计算机仿真和测试分析的有效结合，培养学生的创新意识。

（3）利用计算机的人机交互功能，使学生在软件界面说明文件的指导下，可独立自主地进行实验，培养学生的动手能力和独立工作能力。

4.8.2　实验设备及工具

曲柄导杆滑块机构动态参数测试及设计实验台（如图 4 - 19 所示），配多媒体软件。配套工具：扳手、螺丝刀等。

软件主实验界面图

图 4 - 19　曲柄导杆滑块机构动态参数测试及设计实验台

4.8.3　实验台结构

该实验台可将曲柄导杆滑块实验机构(见图 4 - 20)拆装改为曲柄滑块实验机构(见图 4 - 21),因而可进行两种机构的测试实验。机构中各活动构件杆长及滑块位置可改变,平衡质量大小位置及飞轮质量均可调节。

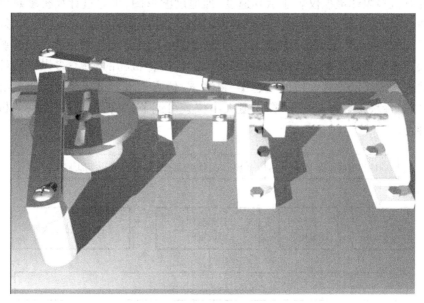

图 4 - 20　曲柄导杆滑块实验机构

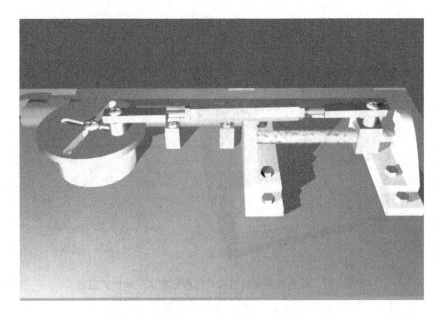

图 4 – 21   曲柄滑块实验机构

4.8.4　实验原理和内容

　　测试系统如图 4 – 22 所示。实验台可测量曲柄、滑块的运动参数和机架振动参数，并通过计算机多媒体虚拟仪表显示其速度、加速度波形图;可通过计算机多媒体软件模拟仿真曲柄、滑块的真实运动规律和机架振动规律，并显示其速度、加速度波形图,可与实测曲线比较分析;学生可在软件界面的说明文件的指导下独立自主地进行实验。曲柄导杆滑块机构可拆装为曲柄滑块机构,因而可进行两种机构的实验;多媒体软件还包括曲柄滑块机构设计和连杆曲线的动态图,将测试、仿真与设计分析结合起来。机构中活动构件杆长、滑块位置可调节,平衡质量大小位置可调节,飞轮质量可调节,使机构运动特性多样化。

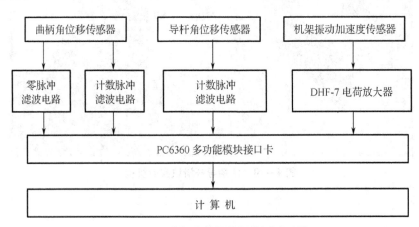

图 4 – 22   曲柄导杆滑块机构测试系统

1. 曲柄导杆滑块机构实验

（1）曲柄导杆滑块机构综合实验模块软件界面切换流程如图 4 - 23 所示。

（2）曲柄导杆滑块机构实验内容。

① 曲柄运动仿真和实测。能通过数模计算得出曲柄的真实运动规律,作出曲柄角速度线图和角加速度线图,进行速度波动调节计算,通过曲柄上的角位移传感器和 A/D 转换器进行采集、转换和处理,并输入计算机显示出实测的曲柄角速度线图和角加速度线图。通过分析比较,了解机构结构对曲柄的速度波动的影响。

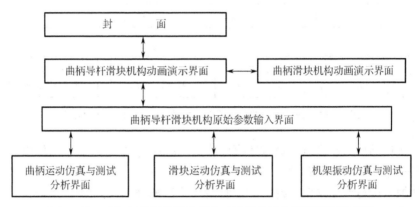

图 4 - 23　曲柄导杆滑块机构综合实验模块软件界面切换流程图

② 滑块运动仿真和实测。通过数模计算得出滑块的真实运动规律,作出滑块相对曲柄转角和速度线图、加速度线图,通过滑块上的位移传感器,曲柄上的同步转角传感器和 A/D 转换板进行数据采集、转换和处理,输入计算机,显示出实测的滑块相对曲柄转角的速度线图和加速度线图。通过分析比较,了解机构结构对滑块的速度波动和急回特性的影响。

③ 机架振动仿真和实测。通过数模计算,先得出机构质心(即激振源)的位移及速度,并作出激振源在设定方向上的速度线图、激振力线图(即不平衡惯性力),并指出需加的平衡质量。通过机座上可调节加速度传感器和 A/D 转换板,进行数据采集、转换和处理,并输入计算机,显示出指定方向上实测的机架振动速度线图、加速度线图。通过分析比较,了解激振力对机架振动的影响。

2. 曲柄滑块机构实验

（1）曲柄滑块机构综合实验模块软件界面切换流程如图 4 - 24 所示。

（2）曲柄滑块机构实验内容。

① 曲柄滑块机构设计。通过计算机进行辅助设计,包括按行程速比系数设计和按连杆运动轨迹设计两种方法。连杆运动轨迹是通过计算机进行虚拟仿真实验,给出连杆上不同点的运动轨迹,根据工作要求,选择适合的轨迹曲线及相应曲柄滑块机构。为按连杆运动轨迹设计曲柄滑块机构,提供方便快捷的试验设计方法。

② 曲柄运动仿真和实测。能通过数模计算得出曲柄的真实运动规律,作出曲柄角速度线图和角加速度线图,进行速度波动调节计算,通过曲柄上的角位移传感器和 A/D 转

换板进行采集、转换和处理,并输入计算机显示出实测的曲柄角速度线图和角加速度线图。通过分析比较,了解机构结构对曲柄的速度波动的影响。

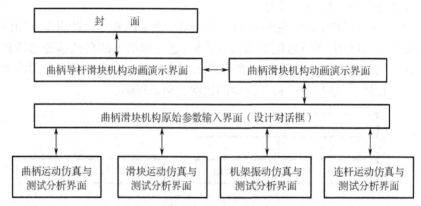

图 4 – 24   曲柄滑块机构综合实验模块软件界面切换流程图

③ 滑块运动仿真和实测。通过数模计算得出滑块的真实运动规律,作出滑块相对曲柄转角的速度线图、加速度线图。通过滑块上的线位移传感器,曲柄上的角位移传感器和 A/D 转换板进行数据采集、转换和处理,输入计算机,显示出实测的滑块相对曲柄转角的速度线图和加速度线图。通过分析比较,了解机构结构对滑块的速度波动和急回特性的影响。

④ 机架振动仿真和实测。通过数模计算,先得出机构的质心(即激振源)的位移,并作出激振源在设定方向上的速度线图,激振力线图(即不平衡惯性力),并指出需加平衡质量。通过机座上可调节加速度传感器和 A/D 转换板,进行数据采集、转换和处理,并输入计算机,显示出指定方向上实测的机架振动速度线图、加速度线图。通过分析比较,了解激振力对机架振动的影响。

4.8.5   实验步骤

(1) 曲柄导杆滑块机构实验步骤

① 打开计算机,单击"导杆滑块机构"图标,进入曲柄导杆滑块机构运动测试、设计、仿真综合试验台软件系统的封面。单击左键,进入曲柄导杆滑块机构动画演示界面。

② 在曲柄滑块机构动画演示界面左下方单击"导杆滑块机构"键,进入曲柄导杆滑块机构原始参数输入界面。

③ 在曲柄导杆滑块机构原始参数输入界面上,将设计好的曲柄导杆滑块机构的尺寸填写在参数输入界面对应的参数框内,然后按设计的尺寸调整曲柄导杆滑块机构各尺寸长度。

④ 启动实验台电机,待曲柄导杆滑块机构运转平稳后,测定电动机的功率,填入参数输入界面对应参数框内。

⑤ 在曲柄导杆滑块机构原始参数输入界面左下方单击选定的实验内容(曲柄运动仿真、滑块运动仿真、机架振动仿真),进入选定实验的界面。

⑥ 在选定的实验内容的界面左下方单击"仿真",动态显示机构即时位置和动态的速度、加速度曲线图。单击"实测",进行数据采集和传输,显示实测的速度、加速度曲线图。若动态参数不满足要求或速度波动过大,有关实验界面均会弹出提示"不满足!"及有关参数的修正值。

⑦ 如果要打印仿真和实测的速度、加速度曲线图,在选定的实验内容的界面下方单击"打印"键,打印机自动打印出仿真和实测的速度、加速度曲线图。

⑧ 如果要做其他实验,或动态参数不满足要求,在选定的实验内容的界面下方单击"返回",返回曲柄导杆滑块机构原始参数输入界面,校对所有参数并修改有关参数,单击选定的实验内容键,进入有关实验界面。以下步骤同前。

⑨ 如果实验结束,单击"退出",返回 Windows 界面。

（2）曲柄滑块机构实验步骤

① 打开计算机,单击"导杆滑块机构"图标,进入曲柄导杆滑块机构运动测试、设计、仿真综合试验台软件系统的封面。单击左键,进入曲柄导杆滑块机构动画演示界面。

② 在曲柄导杆滑块机构动画演示界面左下方单击"曲柄滑块机构"键,进入曲柄滑块机构动画演示界面。

③ 在曲柄滑块机构动画演示界面左下方单击"曲柄滑块机构"键,进入曲柄滑块机构原始参数输入界面。

④ 在曲柄滑块机构原始参数输入界面左下方单击"曲柄滑块机构设计"键,弹出设计方法选框,单击所选定的"设计方法一、二",弹出设计对话框,输入行程速比系数、滑块行程等原始参数,待计算结果出来后,单击"确定",计算机自动将计算结果原始参数填写在参数输入界面的对应参数框内;单击"连杆运动轨迹"进入连杆运动轨迹界面,给出连杆上不同点的运动轨迹,根据工作要求,选择适合的轨迹曲线及相应曲柄滑块机构;也可以按使用者自己设计的曲柄滑块机构的尺寸填写在参数输入界面的对应参数框内,然后按设计的尺寸调整曲柄滑块机构各尺寸长度。

⑤ 启动实验台电机,待曲柄滑块机构运转平稳后,测定电动机的功率,填入参数输入界面的对应参数框内。

⑥ 在曲柄滑块机构原始参数输入界面左下方单击选定的实验内容（曲柄运动仿真、滑块运动仿真、机架振动仿真）,进入选定实验的界面。

⑦ 在选定的实验内容的界面左下方单击"仿真",动态显示机构即时位置和动态的速度、加速度曲线图。单击"实测",进行数据采集和传输,显示实测的速度、加速度曲线图。若动态参数不满足要求或速度波动过大,有关实验界面均会弹出提示"不满足!"及有关参数的修正值。

⑧ 如果要打印仿真和实测的速度、加速度曲线图,在选定的实验内容的界面下方单击"打印"键,打印机自动打印出仿真和实测的速度、加速度曲线图。

⑨ 如果要做其他实验,或动态参数不满足要求,在选定的实验内容的界面下方单击"返回",返回曲柄滑块机构原始参数输入界面,校对所有参数并修改有关参数,单击选定的实验内容键,进入有关实验界面。以下步骤同前。

⑩ 如果实验结束,单击"退出",返回 Windows 界面。

4.8.6　实验操作注意事项

（1）开机前的准备。

① 拆下有机玻璃保护罩,用清洁抹布将实验台,特别是机构各运动构件清理干净,加少量 N68～48 机油至各运动构件滑动轴承处。

② 面板上调速旋钮逆时针旋到底(转速最低)。

③ 用手转动曲柄盘 1～2 周,检查各运动构件的运行状况,各螺母紧固件应无松动,各运动构件应无卡死现象。

一切正常后,方可开始运行,按实验指导书的要求操作。

（2）开机后注意事项。

① 开机后,人不要太靠近实验台,更不能用手触摸运动构件。

② 调速稳定后才能用软件测试。测试过程中不能调速,不然测试曲线混乱,不能反映周期性。

③ 测试时,转速不能太快或太慢。因传感器量程有限,若软件采集不到数据,将自动退出系统或死机。

如因需要调整实验机构杆长及位置时,要特别注意:当各项调整工作完成后一定要用扳手将该拧紧的螺母全部检查一遍,用手转动曲柄盘检查机构运转情况后,方可进行下一步操作。

4.8.7　实验报告要求

（1）绘出曲柄导杆滑块机构和曲柄滑块机构运动简图并计算其自由度。

（2）确定曲柄导杆滑块机构和曲柄滑块机构的设计参数。

（3）打印曲柄导杆滑块机构实验中的曲柄运动仿真与测试、滑块运动仿真与测试、机架振动仿真与测试曲线图。

（4）打印曲柄滑块机构实验中的曲柄运动仿真与测试、滑块运动仿真与测试、机架振动仿真与测试、连杆运动轨迹曲线图。

（5）计算曲柄导杆滑块机构、曲柄滑块机构中的极位夹角、行程速比系数和速度不均匀系数。

（6）思考题:

① 原动件曲柄的运动为什么不是匀速的?

② 如何理解机构对滑块急回特性的影响?

③ 如何理解机构对曲柄、滑块速度波动的影响?

④ 试比较一个构件的运动仿真与实测曲线,分析造成其差异的原因。

⑤ 对测试机构采取什么措施,可减小其振动,保持良好的机械性能?

4.8.8　附录:主要技术参数

（1）曲柄原始参数

曲柄滑块曲柄 AB 的长度 L_{AB}:可调 0.03～0.05 m。

曲柄质心 S_1 到 A 点的距离 $L_{AS1} = 0$。

平衡质点 P_1 到 A 点的距离 L_{AP1}：可调 $0.03 \sim 0.05$ m。

曲柄 AB 的质量（不包括 M_{P1}）$M_1 = 2.45$ kg。

曲柄 AB 绕质心 S_1 的转动惯量（不包括 M_{P1}）$J_{S1} = 0.004\ 5$ kg·m²。

P_1 点上的平衡质量 M_{P1}：可调。

（2）滑块 2 原始参数

滑块 2 质量 $M_2 = 0.15$ kg。

曲柄 A 点到 C 点的距离 $L_{AC} = 0.18$ m。

（3）导杆原始参数

导杆 CD 的长度 L_{CD}：可调 $0.20 \sim 0.28$ m。

导杆质心 S_3 到 C 点的距离 $L_{CS3} = 0.145$ m。

导杆 CD 的质量 $M_3 = 0.9$ kg。

导杆绕质心 S_3 的转动惯量 $J_{S3} = 0.007\ 68$ kg·m²。

（4）连杆原始参数

连杆 DE 的长度 L_{DE}：可调 $0.28 \sim 0.32$ m。

连杆质心 S_4 到 D 点的距离 $L_{BS4} = 0.15$ m。

连杆 DE 的质量 $M_4 = 0.55$ kg。

连杆绕质心 S_4 的转动惯量 $J_{S4} = 0.004\ 5$ kg·m²。

（5）滑块 5 原始参数

滑块质量 $M_5 = 0.3$ kg。

偏心距值（上为正）e：可调。

（6）其余原始参数

浮动机架的总质量 $M_6 = 36.8$ kg。

加速度计的方向角 α：可调 $0 \sim 360°$。

电动机（曲柄）的功率 P：可调 $0 \sim 60$ W。

电动机（曲柄）的特性系数 $G = 9.724$ rpm/N·m。

许用速度不均匀系数 δ：按机械要求选取。

仿真计算步长 $D\Phi$：按计算精度选取。

4.8.9　实验报告式样

曲柄导杆滑块、曲柄滑块机构测试、仿真及设计综合实验报告

专业班级：＿＿＿＿＿＿＿　姓名：＿＿＿＿＿＿　学号：＿＿＿＿＿＿＿　同组人：＿＿＿＿＿＿＿

日期：＿＿＿＿＿＿＿　指导教师：＿＿＿＿＿＿＿＿　成绩：＿＿＿＿＿＿＿＿

1. 实验设备名称、型号

设备名称	型 号

2. 曲柄导杆滑块机构实验

（1）绘出曲柄导杆滑块机构运动简图并计算其自由度

（2）曲柄导杆滑块机构设计参数

（3）曲柄运动仿真与测试曲线图

（4）滑块运动仿真与测试曲线图

（5）机架振动仿真与测试曲线图

（6）计算曲柄导杆滑块机构中的极位夹角、行程速比系数和速度不均匀系数

3. 曲柄滑块机构实验
（1）绘出曲柄滑块机构运动简图并计算其自由度

（2）曲柄滑块机构设计参数

（3）曲柄运动仿真与测试曲线图

（4）滑块运动仿真与测试曲线图

（5）机架振动仿真与测试曲线图

（6）连杆运动轨迹曲线图

（7）计算曲柄滑块机构中的极位夹角、行程速比系数和速度不均匀系数

4. 思考题及心得体会

4.9 曲柄摇杆机构测试、仿真及设计综合实验

4.9.1 实验目的

（1）利用计算机对曲柄摇杆机构动态参数进行采集、处理,作出实测的动态参数曲线,并通过计算机对该平面机构的运动进行数模仿真,作出相应的动态参数曲线。

（2）利用计算机对曲柄摇杆机构结构参数进行优化设计,然后通过计算机对该平面机构的运动进行仿真和测试分析,从而实现计算机辅助设计与计算机仿真和测试分析的有效结合,培养学生的创新意识。

（3）利用计算机的人机交互功能,使学生在软件界面说明文件的指导下,可独立自主地进行实验,培养学生的动手能力和独立工作能力。

4.9.2 实验设备及工具

曲柄摇杆机构动态参数测试及设计实验台（如图 4 - 25 所示）,配多媒体软件。
配套工具:扳手、螺丝刀等。

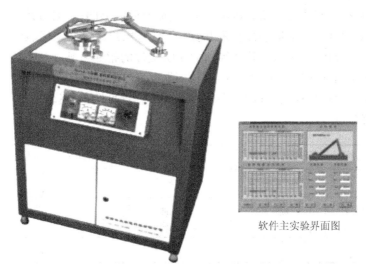

软件主实验界面图

图 4 - 25　曲柄摇杆机构动态参数测试及设计实验台

4.9.3 实验台结构

实验机构（如图 4 - 26 所示）中各活动构件杆长可改变,平衡质量大小位置及飞轮质量可调节。

4.9.4 实验原理和内容

（1）测试系统如图 4 - 27 所示。实验台可测量曲柄、摇杆的运动参数和机架振动参

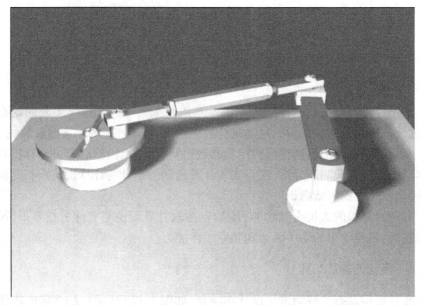

图4-26 曲柄摇杆实验机构

数,并通过计算机多媒体虚拟仪表显示其速度、加速度波形图;可通过计算机多媒体软件模拟仿真曲柄、摇杆的真实运动规律和机架振动规律,并显示其速度、加速度波形图,可与实测曲线比较分析;学生可在软件界面的说明文件的指导下独立自主地进行实验。多媒体软件还包括曲柄摇杆机构设计和连杆曲线的动态图,将测试、仿真与设计分析结合起来。机构中活动构件杆长可调节,平衡质量大小位置可调节,飞轮质量可调节,使机构运动特性多样化。

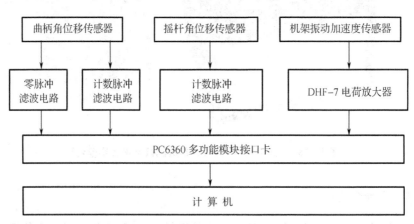

图4-27 曲柄摇杆滑块机构测试系统

(2)曲柄摇杆机构实验内容。

① 曲柄摇杆机构设计。通过计算机进行辅助设计,包括按行程速比系数设计和按连杆运动轨迹设计两种方法。连杆运动轨迹是通过计算机进行虚拟仿真实验,给出连杆上

不同点的运动轨迹,根据工作要求,选择适合的轨迹曲线及相应曲柄摇杆机构。为按连杆运动轨迹设计曲柄摇杆机构提供方便快捷的试验设计方法。

② 曲柄运动仿真和实测。能通过数模计算得出曲柄的真实运动规律,作出曲柄角速度线图和角加速度线图,进行速度波动调节计算。通过曲柄上的角位移传感器和 A/D 转换板进行采集、转换和处理,并输入计算机显示出实测的曲柄角速度线图和角加速度线图。通过分析比较,了解机构结构对曲柄的速度波动的影响。

③ 摇杆运动仿真和实测。通过数模计算得出摇杆的真实运动规律,作出摇杆相对曲柄转角的角速度线图、角加速度线图。通过摇杆上的角位移传感器,曲柄上的角位移传感器和 A/D 转换板进行数据采集、转换和处理,输入计算机,显示出实测的摇杆相对曲柄转角的角速度线图和角加速度线图。通过分析比较,了解机构结构对摇杆的速度波动和急回特性的影响。

④ 机架振动仿真和实测。通过数模计算,先得出机构的质心(即激振源)的位移,并作出激振源在设定方向上的速度线图、激振力线图(即不平衡惯性力),并指出需加平衡质量。通过机座上可调节加速度传感器和 A/D 转换板,进行数据采集、转换和处理,并输入计算机,显示出指定方向上实测的机架振动速度线图、加速度线图。通过分析比较,了解激振力对机架振动的影响。

4.9.5　实验步骤

(1)打开计算机,单击"曲柄摇杆机构"图标,进入曲柄摇杆机构运动测试设计仿真综合试验台软件系统的封面。单击左键,进入曲柄摇杆机构动画演示界面。

(2)在曲柄摇杆机构动画演示界面左下方单击"曲柄摇杆机构"键,进入曲柄摇杆机构原始参数输入界面。

(3)在曲柄摇杆机构原始参数输入界面左下方单击"曲柄摇杆设计"键,弹出设计方法选框,单击所选定的"设计方法一、二、三",弹出设计对话框,输入行程速比系数、摇杆摆角等原始参数,待计算结果出来后,单击"确定",计算机自动将计算结果原始参数填写在参数输入界面的对应参数框内;单击"连杆运动轨迹"进入连杆运动轨迹界面,给出连杆上不同点的运动轨迹,根据工作要求,选择适合的轨迹曲线及相应曲柄摇杆机构;也可以按使用者自己设计的曲柄摇杆机构的尺寸填写在参数输入界面的对应参数框内,然后按设计的尺寸调整曲柄摇杆机构各尺寸长度。

(4)启动实验台电机,待曲柄摇杆机构运转平稳后,测定电动机的功率,填入参数输入界面的对应参数框内。

(5)在曲柄摇杆机构原始参数输入界面左下方单击选定的实验内容(曲柄运动仿真、摇杆运动仿真机架振动仿真),进入选定实验的界面。

(6)在选定的实验内容的界面左下方单击"仿真",动态显示机构即时位置和动态的速度、加速度曲线图。单击"实测",进行数据采集和传输,显示实测的速度、加速度曲线图。若动态参数不满足要求或速度波动过大,有关实验界面均会弹出提示"不满足!"及有关参数的修正值。

(7)如果要打印仿真和实测的速度、加速度曲线图,在选定的实验内容的界面下方单击"打印"键,打印机自动打印出仿真和实测的速度、加速度曲线图。

（8）如果要做其他实验,或动态参数不满足要求,在选定的实验内容的界面下方单击"返回",返回曲柄摇杆机构原始参数输入界面,校对所有参数并修改有关参数,单击选定的实验内容键,进入有关实验界面。以下步骤同前。

（9）如果实验结束,单击"退出",返回 Windows 界面。

4.9.6 实验操作注意事项

（1）开机前的准备。

① 拆下有机玻璃保护罩,用清洁抹布将实验台,特别是机构各运动构件清理干净,加少量 N68～48 机油至各运动构件滑动轴承处。

② 面板上调速旋钮逆时针旋到底（转速最低）。

③ 用手转动曲柄盘 1～2 周,检查各运动构件的运行状况,各螺母紧固件应无松动,各运动构件应无卡死现象。

一切正常后,方可开始运行,按实验指导书的要求操作。

（2）开机后注意事项。

① 开机后,人不要太靠近实验台,更不能用手触摸运动构件。

② 调速稳定后才能用软件测试。测试过程中不能调速,不然测试曲线混乱,不能反映周期性。

③ 测试时,转速不能太快或太慢。因传感器量程有限,若软件采集不到数据,将自动退出系统或死机。

如因需要调整实验机构杆长及位置时,要特别注意:当各项调整工作完成后一定要用扳手将该拧紧的螺母全部检查一遍,用手转动曲柄盘检查机构运转情况后,方可进行下一步操作。

4.9.7 实验报告要求

（1）绘出曲柄摇杆机构运动简图并计算其自由度。

（2）确定曲柄摇杆机构的设计参数。

（3）打印曲柄摇杆机构实验中的曲柄运动仿真与测试、摇杆运动仿真与测试、机架振动仿真与测试、连杆运动轨迹曲线图。

（4）计算曲柄摇杆机构中的极位夹角、行程速比系数和速度不均匀系数。

（5）思考题:

① 原动件曲柄的运动为什么不是匀速的?

② 如何理解机构对滑块急回特性的影响?

③ 如何理解机构对曲柄、摇杆速度波动的影响?

④ 试比较曲柄或摇杆的运动仿真与实测曲线,分析造成其差异的原因。

⑤ 对测试机构采取什么措施可减小其振动,保持良好的机械性能?

4.9.8 附录:主要技术参数

(1) 曲柄原始参数

曲柄 AB 的长度 L_{AB}:可调 $0.03 \sim 0.05$ m。

曲柄质心 S_1 到 A 点的距离 $L_{AS1} = 0$。

平衡质点 P_1 到 A 点的距离 L_{AP1}:可调。

曲柄 AB 的质量(不包括 M_{P_1})$M_1 = 2.55$ kg。

曲柄 AB 绕质心 S_1 的转动惯量(不包括 M_{P_1})$J_{S1} = 0.004\ 75$ kg·m²。

P_1 点上的平衡质量 M_{P_1} 可调。

(2) 连杆原始参数

连杆 BC 的长度 L_{BC}:可调 $0.28 \sim 0.32$ m。

连杆质心 S_2 到 B 点的距离 $L_{BS2} = L_{BC}/2$。

连杆 BC 的质量 $M_2 = 0.55$ kg。

连杆绕质心 S_2 的转动惯量 $J_{S2} = 0.004\ 5$ kg·m²。

(3) 摇杆原始参数

摇杆 CD 的长度 $L_{CD} = 0.20 \sim 0.26$ m。

摇杆质心 S_3 到 C 点的距离 $L_{AS3} = 0.14$ m。

平衡质点 P_3 到 C 点的距离 L_{AP3}:可调。

摇杆 CD 的质量(不包括 M_{P3})$M_3 = 0.624$ kg。

摇杆 CD 绕质心 S_3 的转动惯量(不包括 M_{P3})$J_{S3} = 0.05$ kg·m²。

P_3 点上的平衡质量 M_{P3}:可调。

(4)机架原始参数

机架铰链的距离 $L_{AD} = 0.34$ m。

浮动机架的总质量 $M_4 = 32.65$ kg。

加速度计的方向角 α:可调 $0 \sim 360°$。

(5)动力原始参数

电动机(曲柄)的功率 P:可调 $0 \sim 60$ W。

电动机(曲柄)的特性系数 $G = 9.724$ rpm/N·m。

许用速度不均匀系数 δ:按机械要求选取。

仿真计算步长 $D\Phi$:按计算精度选取。

4.9.9 实验报告式样

曲柄摇杆机构测试、仿真及设计综合实验报告

专业班级：_____ 姓名：_____ 学号：_____ 同组人：_____
日期：_____ 指导教师：_____ 成绩：_____

1．实验设备名称、型号

设备名称	型　号

2．绘出曲柄摇杆机构运动简图并计算其自由度

3. 曲柄摇杆滑块机构设计参数

4. 曲柄运动仿真与测试曲线图

5. 摇杆运动仿真与测试曲线图

6. 机架振动仿真与测试曲线图

7. 连杆运动轨迹曲线图

8. 思考题及心得体会

4.10 凸轮机构测试、仿真及设计综合实验

4.10.1 实验目的

（1）利用计算机对凸轮机构动态参数进行采集、处理，作出实测的动态参数曲线，并通过计算机对该机构的运动进行数模仿真，作出相应的动态参数曲线。

（2）利用计算机对凸轮机构结构参数进行优化设计，然后，通过计算机对凸轮机构的运动进行仿真和测试分析，从而实现计算机辅助设计与计算机仿真和测试分析有效的结合，培养学生的创新意识。

（3）利用计算机的人机交互功能，使学生在软件界面说明文件的指导下，可独立自主地进行实验，培养学生的动手能力和独立工作能力。

4.10.2 实验设备及工具

凸轮机构动态参数测试实验台（如图 4-28 所示），配多媒体软件。实验台可装四种盘形凸轮机构或一种圆柱凸轮机构。

配套工具：扳手、螺丝刀、木锤、轴承退卸器等。

软件主实验界面图

图 4-28 凸轮机构动态参数测试实验台

4.10.3 实验台结构

该实验台可将盘形凸轮机构（如图 4-29 所示）拆装为圆柱凸轮机构（如图 4-30 所示），因而可进行上述两种凸轮机构的测试实验。

盘形凸轮机构（如图 4-29 所示）配有 4 个凸轮，共包含 8 种推、回程运动规律，一种滚子移动从动件，见表 4-4。

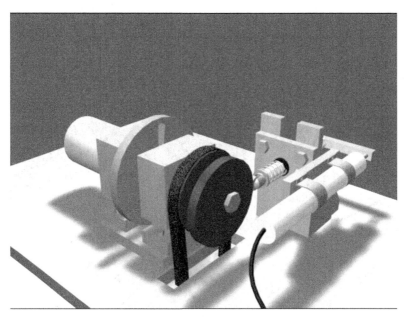

图 4 – 30　盘形凸轮实验机构

表 4 – 4　实验凸轮明细表

凸轮编号	推程运动规律	回程运动规律	偏心距 e/mm
1#	等速	改进等速	5
2#	等加速等减速	改进梯形	5
3#	改进正弦加速度	正弦加速度	0
4#	五次多项式	余弦加速度	5
圆柱凸轮	改进等速	改进等速	0

圆柱凸轮机构(如图 4 – 30 所示)配一个凸轮,推、回程都用改进的等速运动规律。

4.10.4　实验原理和内容

测试系统如图 4 – 31 所示。实验台可测量凸轮、推杆的运动参数,并通过计算机多媒体虚拟仪表显示其速度、加速度波形图;可通过计算机多媒体数据、仿真软件计算凸轮、推杆的真实运动规律,并显示其速度、加速度波形图,可与实测曲线比较分析;配有专用的多媒体教学软件,学生可在软件界面说明文件的指导下,独立自主地进行实验;盘形凸轮机构可拆装为圆柱凸轮机构,因而可做两种凸轮机构的实验;盘形凸轮机构配有 4 个(共包含 8 种运动规律)凸轮、一种推杆,圆柱凸轮机构配一个凸轮;盘形凸轮机构的偏心距可调节,飞轮质量可调节,使机构运动特性多样化。

1. 盘形凸轮机构实验内容

(1) 盘形凸轮机构综合实验模块软件界面切换流程。盘形凸轮机构综合实验模块

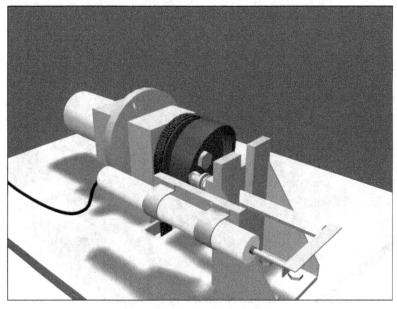

图 4 - 30　圆柱凸轮实验机构

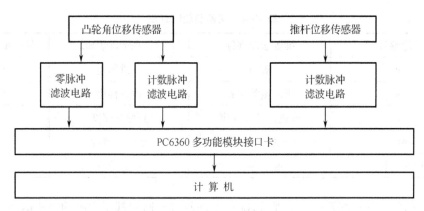

图 4 - 31　凸轮机构测试系统

软件界面切换流程如图 4 - 32 所示。

（2）盘形凸轮机构实验。

① 凸轮运动仿真和实测。通过数模计算得出凸轮的真实运动规律,作出凸轮角速度线图和角加速度线图,并进行速度波动调节计算。通过凸轮上的角位移传感器和 A/D 转换板进行数据采集、转换和处理,并输入计算机显示出实测的凸轮角速度线图和角加速度线图。通过分析比较,了解机构结构对凸轮速度波动的影响。

② 推杆运动仿真和实测。通过数模计算得出推杆的真实运动规律,作出推杆相对凸轮转角的速度线图、加速度线图。通过推杆上的位移传感器,凸轮上的同步转角传感器和 A/D 转换板进行数据采集、转换和处理,输入计算机,显示出实测的推杆相对凸轮转角的速度线图和加速度线图。通过分析比较,了解机构结构及加工质量对推杆速度波动的

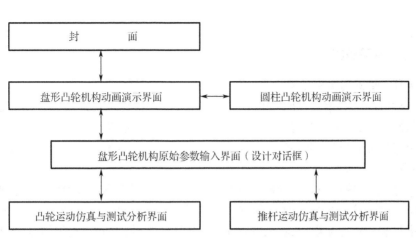

图 4 – 32 盘形凸轮机构综合实验模块软件界面切换流程图

影响。

2. 圆柱凸轮机构实验内容

（1）圆柱凸轮机构综合实验模块界面切换流程。圆柱凸轮机构综合实验模块界面切换流程如图 4 – 33 所示。

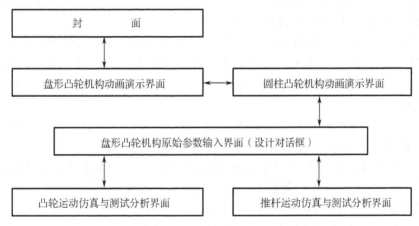

图 4 – 33 圆柱凸轮机构综合实验模块软件界面切换流程图

（2）圆柱凸轮机构实验内容

① 凸轮运动仿真和实测。通过数模计算得出凸轮的真实运动规律,作出凸轮角速度线图和角加速度线图,并进行速度波动调节计算。通过凸轮上的角位移传感器和 A/D 转换板进行数据采集、转换和处理,并输入计算机显示出实测的凸轮角速度线图和角加速度线图。通过分析比较,使学生了解机构结构对凸轮速度波动的影响。

② 推杆运动仿真和实测。通过数模计算得出推杆的真实运动规律,作出推杆相对凸轮转角的速度线图、加速度线图。通过推杆上的位移传感器,凸轮上的同步转角传感器和 A/D 转换板进行数据采集、转换和处理,输入计算机,显示出实测的推杆相对凸轮转角的速度线图和加速度线图。通过分析比较,了解机构结构及加工质量对推杆速度波动的

影响。

4.10.5 实验步骤

1. 盘形凸轮机构实验步骤

（1）打开计算机，单击"凸轮机构"图标，进入凸轮机构运动测试设计仿真综合试验台软件系统的封面。单击左键，进入盘形凸轮机构动画演示界面。

（2）在盘形凸轮机构动画演示界面左下方单击"盘形凸轮机构"键，进入盘形凸轮机构原始参数输入界面。

（3）在盘形凸轮机构原始参数输入界面的左下方单击"凸轮机构设计"键，弹出凸轮机构设计对话框；输入必要的原始参数，单击"设计"键，弹出一个"选择运动规律"对话框；选定推程和回程运动规律，在该界面上，单击"确定"键，返回凸轮机构设计对话框；待计算结果出来后，在该界面上，单击"确定"键，计算机自动将设计好的盘形凸轮机构的尺寸填写在参数输入界面的对应参数框内。也可以自行设计，然后按设计的尺寸调整推杆偏心距。

（4）启动实验台电机，待盘形凸轮机构运转平稳后，测定电动机的功率，填入参数输入界面的对应参数框内。

（5）在盘形凸轮机构原始参数输入界面左下方单击选定的实验内容（凸轮运动仿真、推杆运动仿真），进入选定实验的界面。

（6）在选定的实验内容的界面左下方单击"仿真"，动态显示机构即时位置和动态的速度、加速度曲线图。单击"实测"，进行数据采集和传输，显示实测的速度、加速度曲线图。若动态参数不满足要求或速度波动过大，有关实验界面均会弹出提示"不满足!"及有关参数的修正值。

（7）如果要打印仿真和实测的速度、加速度曲线图，在选定的实验内容的界面下方单击"打印"键，打印机自动打印出仿真和实测的速度、加速度曲线图。

（8）如果要做其他实验，或动态参数不满足要求，在选定的实验内容的界面下方单击"返回"，返回盘形凸轮机构原始参数输入界面，校对所有参数并修改有关参数，单击选定的实验内容键，进入有关实验界面。以下步骤同前。

（9）如果实验结束，单击"退出"，返回 Windows 界面。

2. 圆柱凸轮机构实验步骤

（1）打开计算机，单击"凸轮机构"图标，进入凸轮机构运动测试设计仿真综合试验台软件系统的封面。单击左键，进入盘形凸轮机构动画演示界面。

（2）在盘形凸轮机构动画演示界面左下方单击"圆柱凸轮机构"键，进入圆柱凸轮机构动画演示界面。

（3）在圆柱凸轮机构动画演示界面左下方单击"圆柱凸轮机构"键，进入圆柱凸轮机构原始参数输入界面。

（4）在圆柱凸轮机构原始参数输入界面的左下方单击"凸轮机构设计"键，弹出凸轮机构设计对话框；输入必要的原始参数，单击"设计"键，弹出一个"选择运动规律"对话框；选定推程和回程运动规律，在该界面上，单击"确定"键，返回凸轮机构设计对话框；待计算结果出来后,在该界面上,单击"确定"键,计算机自动将设计好的圆柱凸轮机构的尺寸填写在参数输入界面的对应参数框内。也可以自行设计,然后按设计的尺寸调整推杆偏距。

(5) 启动实验台电机,待圆柱凸轮机构运转平稳后,测定电动机的功率,填入参数输入界面的对应参数框内。

(6) 在圆柱凸轮机构原始参数输入界面左下方单击选定"凸轮运动仿真",进入圆柱凸轮机构的凸轮运动仿真及测试分析选定界面。

(7) 在凸轮运动仿真及测试分析的选定界面左下方单击"仿真",动态显示机构即时位置和凸轮动态的角速度、角加速度曲线图。单击"实测",进行数据采集和传输,显示实测的角速度、角加速度曲线图。若动态参数不满足要求或速度波动过大,有关实验界面均会弹出提示"不满足!"及有关参数的修正值。

(8) 如果要打印仿真和实测的角速度、角加速度曲线图,在凸轮运动仿真及测试分析的界面下方单击"打印"键,打印机自动打印出仿真和实测的角速度、角加速度曲线图。

(9) 如果要做其他实验,或动态参数不满足要求,在凸轮运动仿真及测试分析的界面下方单击"返回",返回圆柱凸轮机构原始参数输入界面,校对所有参数并修改有关参数,单击选定的实验内容键,进入有关实验界面。以下步骤同前。

(10) 如果实验结束,单击"退出",返回 Windows 界面。

4.10.6 实验操作注意事项

1. 开机前的准备

(1) 拆下有机玻璃保护罩,用清洁抹布将实验台,特别是机构各运动构件清理干净,加少量 N68 ~ 48 机油至各运动构件滑动轴承处。

(2) 面板上调速旋钮逆时针旋到底(转速最低)。

(3) 用手转动飞轮盘 1 ~ 2 周,检查各运动构件的运行状况,各螺母紧固件应无松动,各运动构件应无卡死现象。

一切正常后,方可开始运行,按实验指导书的要求操作。

2. 开机后注意事项

(1) 开机后,人不要太靠近实验台,更不能用手触摸运动构件。

(2) 调速稳定后才能用软件测试。测试过程中不能调速,不然测试曲线混乱,不能反映周期性。

(3) 测试时,转速不能太快或太慢。因传感器量程有限,若软件采集不到数据,将自动退出系统或死机。

如因需要调整实验机构杆长及位置时,要特别注意:当各项调整工作完成后一定要用扳手将该拧紧的螺母全部检查一遍,用手转动曲柄盘检查机构运转情况后,方可进行下一步操作。

4.10.7 实验报告要求

(1) 绘出盘形凸轮机构、圆柱凸轮机构运动简图并计算其自由度。

（2）确定盘形凸轮机构、圆柱凸轮机构的设计参数。

（3）打印盘形凸轮机构实验中的凸轮运动仿真与测试、推杆运动仿真与测试曲线图。

（4）打印圆柱凸轮机构实验中的凸轮运动仿真与测试、推杆运动仿真与测试曲线图。

（5）计算盘形凸轮机构、圆柱凸轮机构中的速度不均匀系数。

（6）思考题：

① 原动件凸轮的运动为什么不是匀速的？

② 试比较一个构件的运动仿真与实测曲线，分析造成其差异的原因。

③ 试比较不同的从动件运动规律对工作质量的影响。

4.10.8 附录：主要技术参数

1. 盘形凸轮机构主要技术参数

（1）凸轮原始参数

① 1#凸轮原始参数

推程：等速运动规律。

回程：改进等速运动规律。

凸轮基圆半径 $r_0 = 40$ mm。

从动件滚子半径 $r_t = 7.5$ mm。

推杆升程 $h = 15$ mm。

偏心距值 $e = 5$ mm。

推程转角 $\Phi = 150°$。

远休止角 $\Phi_s = 30°$。

回程转角 $\Phi' = 120°$。

凸轮质量 $M_1 = 2.035$ kg。

凸轮转动惯量 $J_1 = 1\,000$ kg·mm^2。

② 2#凸轮原始参数

推程：等加速等减速运动规律。

回程：改进等加速等减速运动规律。

凸轮基圆半径 $r_0 = 40$ mm。

从动件滚子半径 $r_t = 7.5$ mm。

推杆升程 $h = 15$ mm。

偏心距值 $e = 5$ mm。

推程转角 $\Phi = 150°$。

远休止角 $\Phi_s = 30°$。

回程转角 $\Phi' = 120°$。

凸轮质量 $M_1 = 2.035$ kg。

凸轮转动惯量 $J_1 = 1\,000$ kg·mm^2

③ 3#凸轮原始参数

推程:改进正弦加速运动规律。

回程:正弦加速运动规律。

凸轮基圆半径 $r_0 = 40$ mm。

从动件滚子半径 $r_t = 7.5$ mm。

推杆升程 $h = 15$ mm。

偏心距值 $e = 0$。

推程转角 $\Phi = 150°$。

远休止角 $\Phi_s = 0°$。

回程转角 $\Phi' = 150°$。

凸轮质量 $M_1 = 2.035$ kg。

凸轮转动惯量 $J_1 = 1\,000$ kg · mm^2

④ 4#凸轮原始参数

推程:3 – 4 – 5 多项式运动规律。

回程:余弦加速运动规律。

凸轮基圆半径 $r_0 = 40$ mm。

从动件滚子半径 $r_t = 7.5$ mm。

推杆升程 $h = 15$ mm。

偏心距值 $e = 5$ mm。

推程转角 $\Phi = 150°$。

远休止角 $\Phi_s = 30°$。

回程转角 $\Phi' = 120°$。

凸轮质量 $M_1 = 2.035$ kg。

凸轮转动惯量 $J_1 = 1\,000$ kg · mm^2

(2)推杆原始参数

推杆质量 $M_2 = 0.2$ kg。

推杆支承座宽 $L = 10$ mm。

支承座距基圆的距离 B:可调。

推杆与凸轮间的摩擦系数 $f_1 = 0.05$。

推杆与滑道间的摩擦系数 $f_2 = 0.1$。

弹簧刚度 $K = 0.03$ N/mm。

弹簧初压缩量 DL:可调。

(3)动力原始参数

电动机(曲柄)的功率 P:可调。

电动机(曲柄)机械特性 $g = 9.724$ rpm/N · mm。

许用速度不均匀系数 δ:按机械要求选取。

计算步长 $D\Phi$:按计算精度选取。

2. 圆柱凸轮机构主要技术参数

（1）凸轮原始参数

推程：等速运动规律。

回程：改进等速运动规律。

凸轮基圆半径 $r_0 = 40$ mm。

从动件滚子半径 $r_t = 8$ mm。

推杆升程 $h = 15$ mm。

偏心距值 $e = 0$。

推程转角 $\Phi = 150°$。

远休止角 $\Phi_s = 30°$。

回程转角 $\Phi' = 120°$。

凸轮质量 $M_1 = 2.035$ kg。

凸轮转动惯量 $J_1 = 1\,000$ kg·mm^2。

（2）推杆原始参数

推杆质量 $M_2 = 0.2$ kg。

推杆支承座宽 $L = 10$ mm。

支承座距基圆的距离 B：可调。

推杆与凸轮间的摩擦系数 $f_1 = 0.05$。

推杆与滑道间的摩擦系数 $f_2 = 0.1$。

弹簧刚度 $K = 0.03$ N/mm。

弹簧初压缩量 DL：可调。

（3）动力原始参数

电动机（曲柄）的功率 P：可调。

电动机（曲柄）机械特性 $g = 9.724$ rpm/N·mm。

许用速度不均匀系数 δ：按机械要求选取。

计算步长 $D\Phi$：按计算精度选取。

4.10.9　实验报告式样

凸轮机构测试、仿真及设计综合实验报告

专业班级：_____　姓名：_____　学号：_____　同组人：_____

日期：_____　指导教师：_____　成绩：_____

1. 实验设备名称、型号

设备名称	型　　号

2．盘形凸轮机构实验

（1）绘出盘形凸轮机构运动简图并计算其自由度

（2）盘形凸轮机构设计参数

（3）盘形凸轮运动仿真与测试曲线图

（4）推杆运动仿真与测试曲线图

3．圆柱凸轮机构实验

（1）绘出圆柱凸轮机构运动简图并计算其自由度

（2）圆柱凸轮机构设计参数

（3）圆柱凸轮运动仿真与测试曲线图

（4）推杆运动仿真与测试曲线图

4．思考题及心得体会

第5章 机械设计实验

5.1 螺栓组连接实验

5.1.1 实验目的

(1) 实测受翻转力矩作用下螺栓组连接中各螺栓的受力情况。

(2) 深化课程学习中对螺栓组连接实际受力分析的认识。

(3) 初步掌握电阻应变仪的工作原理和使用方法。

5.1.2 实验设备及工具

(1) 多功能螺栓组连接实验台。

(2) XL2101B2 型静态电阻应变仪。

(3) 其他仪器工具:万用表,螺丝刀,扳手等。

(4) 电子计算机及打印机。

5.1.3 实验原理及方法

多功能螺栓组连接实验台的结构如图 5 - 1 所示,机座 1 与被连接件 4(悬臂梁)用双排共有 10 个螺栓 2 连接,连接面间加橡胶垫 11,通过杠杆加载系统 6(1:75 增力)和砝码 7 使连接螺栓组受到翻转力矩作用,各螺栓的受力大小通过贴在其上的电阻应变片来测量。

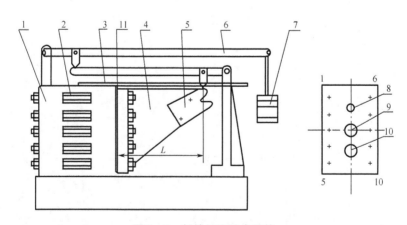

图 5 - 1 螺栓组实验台结构

1—机座;2—测试螺栓;3—测试梁;4—被连接件;5—测试齿块;6—杠杆系统;7—砝码;

8—齿板接线柱;9—螺栓 1～5 接线柱;10—螺栓 6～10 接线柱;11—垫片

螺栓组由于 G 的作用,受到横向力 Q 和翻转力矩 M 的作用,即

$$M = QL \quad \text{N·mm}$$
$$Q = 75G + G_0 \quad \text{N}$$

式中　L——力臂, $L = 214$ mm;

　　　G——加载砝码的重量;

　　　G_0——杠杆系统自重折算的载荷(700 N)。

横向载荷 Q 与结合面上的摩擦阻力相平衡,而力矩 M 则使悬臂梁有翻转趋势,使得各个螺栓受到大小不等的附加作用力。螺栓的受力是通过贴在每个螺栓上的电阻应变片的变形,用电阻应变仪测得的。

为了便于测试,实验台的螺栓设计成细而长的试验螺栓,每个螺栓上都贴有电阻应变片。可在螺栓测试部位的任一侧贴一片,或在对称的两侧各贴一片电阻应变片,如图 5 – 2 所示。

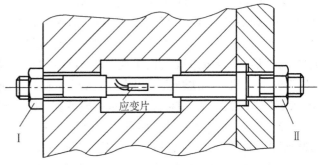

图 5 – 2　螺栓安装及贴片图

5.1.4　实验方法和步骤

(1) 仪器连线

用导线从试验台上的接线柱上把各螺栓的应变片引出端以及补偿片的连线接到电阻应变仪的接线箱上。采用半桥测量方法;如每个螺栓上只贴一个应变片,其连线如图 5 – 3 所示;如每个螺栓上其对称的两侧各贴一个应变片,其连线如图 5 – 4 所示。后者可消除螺栓偏心受力的影响。

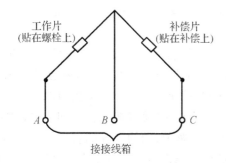

图 5 – 3　单片测量连线图

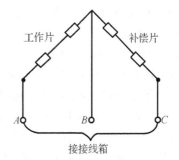

图 5 – 4　双片测量连线图

(2) 螺栓初预紧

抬起杠杆加载系统,不使加载系统的自重加到螺栓组连接件上。先将图 5 – 2 中所示的左端各个螺母Ⅰ用手尽力拧紧,然后,再把右端的各个螺母Ⅱ也用手尽力拧紧。

注意:在实验前,如螺栓已经受力,应将其拧松后再作初预紧。

(3) 应变测量点预调平衡

在各螺栓初预紧后,以此作为初始状态,进行各螺栓应变测量的"调零"(预调平衡),把各应变测量点都尽可能调到"零"读数。其操作步骤如下:

① 将杠杆加载系统安装好,使加载系统的自重加到螺栓组连接件上,此时加载杠杆一般会呈向右倾斜状态。

② 各螺栓应变测量的"调零"(预调平衡):打开应变仪电源开关,使应变仪预热3分钟后,关闭电源开关;再打开电源开关,出现"HL - 2101 - "字样后,按"灵敏系数"键约1秒钟以上,如果出现"C1 ON"(此表示联机)字样,按"通道▲"键调到"C1 OFF"(此表示脱机)字样,如果出现"C1 OFF"字样,则不必调"通道▲"键,此时实验台与计算机处于脱机状态,然后按"灵敏系数"键,出现"C2 ALL"字样,再按"灵敏系数"键,出现"CC - End - "字样后,关机。再次开机后出现"01 XX"字样,按"通道▲"键或"通道▼"键,则出现"02 XX"或"10 XX"等字样,此时可进行应变测量点的预调平衡,通过控制"通道▲"键或"通道▼"键及"单点平衡"键,将各应变测量点在应变仪上显示的读数均调到"零"读数,即调到"0X 00"字样。然后按"灵敏系数"键,先出现"SET ALL"字样,等到出现"SA 2. XX"(此为灵敏系数值)字样后,通过控制"通道▲"键及"通道▼"键将灵敏系数值修改到应变片的灵敏系数值,修改完毕后按"灵敏系数"键,出现" - End - "字样后关机。

打开计算机,用鼠标先后依次单击"开始"、"程序"、"螺栓组连接实验"等图标,进入螺栓组连接实验演示软件,修改应变系数 K 为应变片的灵敏系数值。然后单击"下一页"图标。

打开应变仪电源开关,出现"HL - 2101 - "字样后,按"灵敏系数"键约1秒钟以上,出现"C1 OFF"字样后,按"通道▲"键,出现"C1 ON"(此表示联机)字样后,按"灵敏系数"键,出现"C2 ALL"字样,再按"灵敏系数"键,出现"CC - End - "字样后,关机。再开机后出现"PC - CODE"字样,这时实验台与计算机接通。

通过鼠标单击"基准零点"图标,等到"预紧"图标重新出现后,单击"预紧"图标,然后依次单击"螺栓确认"、"数采"等图标,待数采完毕后,单击"清除数据"图标。

(4) 螺栓加预紧力 F_1

关闭应变仪电源后再打开,出现"HL - 2101 - "字样后,按"灵敏系数"键约1秒钟以上,出现"C1 ON"字样后,按"通道▲"键,出现"C1 OFF"字样后,按"灵敏系数"键,出现"C2 ALL"字样,再按"灵敏系数"键,出现"CC - End - "字样后关闭应变仪电源。

打开应变仪电源,出现"01 XX"字样,按"通道▲"键或"通道▼"键,则出现"02 XX"或"10 XX"等字样,用扳手拧实验台右端的螺母来加预紧力,因为螺栓的右端有一段"U"形断面,它与连接件的矩形沟槽相配,可以防止螺栓预紧时受到扭力作用。在预紧过程中,各螺栓的预紧力会相互影响,所以,应先后交叉(可按1,10,5,6,7,4,2,9,8,3 号螺栓依次预紧)并重复对螺栓进行预紧,使各螺栓均预紧到接近相同的设定预应变量(即应变仪显示值为 $\varepsilon_1 = 280 \sim 320\ \mu\varepsilon$)。为此,要反复调整 5~6 次或更多次数。在预紧过程中,用应变仪来监测。螺栓预紧后,加载杠杆一般会呈上翘状态。

关闭应变仪电源后再打开,出现"HL - 2101 - "字样后,按"灵敏系数"键约1秒钟以上,出现"C1 OFF"字样后,按"通道▲"键,出现"C1 ON"字样后,按"灵敏系数"键,出现"C2 ALL"字样,再按"灵敏系数"键,出现"CC − End −"字样后,关闭应变仪电源再打开,出现"PC − CODE"字样,这时实验台与计算机接通。

通过鼠标依次单击"预紧"、"螺栓确认"、"数采"等图标,待数采完毕后,单击"下一页"图标,进入到加荷实验。

(5)进行加载试验

螺栓预紧完毕后,即可在杠杆加载系统上挂上一定重量的砝码进行测试。加载后,通过鼠标及键盘负荷栏打入砝码的重量,然后,依次通过鼠标单击"加荷"、"螺栓确认"、"数采"等图标,待数采完毕后,单击"下一页"图标,可直接得到"实验测试记录表"、"实验数据处理表"及"实验数据对比表"。

注意:加载后,任一螺栓的总应变值(预紧应变 + 工作应变)不应超过允许的最大应变值($\varepsilon_{max} \leqslant 800\ \mu\varepsilon$),以免螺栓超载损坏。

5.1.5 实验结果处理和分析

(1)根据实测结果,计算出在翻转力矩作用后螺栓组连接的各螺栓的实测预紧力的大小、实测总拉力 F_{2i} 的大小和拉力增量 $\Delta F_i = F_{2i} − F_{1i}$ 的受力图。

①计算各螺栓的预紧力 F_{1i}:

$$F_{1i} = E\varepsilon_{1i}S$$

式中　E——螺栓材料的弹性模量,GPa;

　　　S——螺栓测试段的截面积,m^2;

　　　ε_{1i}——第 i 个螺栓在预紧力作用下的拉应变量,$\mu\varepsilon$。

②各螺栓的总拉力 F_{2i}:

$$F_{2i} = E\varepsilon_{2i}S$$

式中　E——螺栓材料的弹性模量,GPa;

　　　S——螺栓测试段的截面积,m^2;

　　　ε_{2i}——第 i 个螺栓在翻转力矩作用下的总拉应变量,$\mu\varepsilon$。

③各螺栓的拉力增量 ΔF_i:

$$\Delta F_i = E\Delta\varepsilon_i S$$

式中　$\Delta\varepsilon_i$——在翻转力矩作用下的第 i 个螺栓的拉应变增量,$\mu\varepsilon$。

注:ΔF_i 也可以用 $\Delta F_i = F_{2i} − F_{1i}$ 来计算。

④绘出螺栓受力图。

(2)根据螺栓组连接的简单理论分析计算方法(作了简化和假设),计算出在翻转力矩作用下,被连接件传给各螺栓的工作拉力 P_{Ni} 的大小,并绘出它们的分布图。

$$P_{N1} = P_{N6} = QLr_1/(r_1^2 + r_2^2 + \cdots + r_{10}^2) = QLr_1/[2 \times 2(r_1^2 + r_2^2)]$$

$$P_{N2} = P_{N7} = P_{N1}/2$$

$$P_{N3} = P_{N8} = 0$$

$$P_{N4} = P_{N9} = − P_{N1}/2$$

$$P_{N5} = P_{N10} = − P_{N1}$$

式中，$r_1, r_2, \cdots, r_{10}$ 为各螺栓中心至翻转中心轴线的垂直距离；$r_1 = r_5 = r_6 = r_{10} = 66$ mm，$r_2 = r_4 = r_7 = r_9 = 33$ mm。

5.1.6　实验报告要求

（1）将测试记录数据填入表中。

（2）画出实测螺栓组应力分布图。

（3）思考题：

① 螺栓所受总的拉力是否等于预紧力与工作拉力之和，为什么？

② 螺栓组连接理论计算与实测的工作载荷之间存在误差的原因有哪些？

③ 被连接件和螺栓的刚度大小对应力分布有何影响？

④ 实验台上的螺栓组连接可能的失效形式有哪些？

5.1.7　实验报告式样

螺栓组连接实验报告

专业班级：＿＿＿＿＿　姓名：＿＿＿＿＿　学号：＿＿＿＿＿　同组人：＿＿＿＿＿＿

日期：＿＿＿＿＿＿　　指导教师：＿＿＿＿＿＿　成绩：＿＿＿＿＿＿

1. 实验设备名称、型号

设备名称	型　号

2. 实验台参数

（1）螺栓测试段直径：$d = 6.5$ mm。

（2）相邻两螺栓的垂直距离 $= 33$ mm。

（3）螺栓材料的弹性模量：$E = 206$ GPa。

（4）加载杠杆比：$1:75$。

（5）被连接件的悬长：$L = 214$ mm。

3. 实验记录

表 1　实验测试记录表

螺栓编号	1	2	3	4	5	6	7	8	9	10
ε_{1i}										
ε_{2i}										
$\Delta\varepsilon_i$										

表 2　实验数据处理表

螺栓编号	1	2	3	4	5	6	7	8	9	10
F_{1i}/N										
F_{2i}/N										
$\Delta F_i/N$										

表 3　实验数据比较表

螺栓编号	1	2	3	4	5	6	7	8	9	10
$\Delta F_i/N$										
PN_i/N										
偏差/%										

注释：ε_{1i} 为预紧应变、ε_{2i} 为总应变，$\Delta\varepsilon_i$ 为荷重_____（N）下应变。

F_{1i} 为预紧实验拉力（N），F_{2i} 为实验总拉力（N），ΔF_i 为荷重_____（N）下实验拉力（N）。

PN_i 为荷重（N）的理论计算拉力值（N）。

4. 数据处理

（1）实验结果计算

① 预紧力 $F_{1i} = E\varepsilon_{1i}S$

$F_{11} = E\varepsilon_{11}S =$ _____

$F_{12} = E\varepsilon_{12}S =$ _____

$F_{13} = E\varepsilon_{13}S =$ _____

$F_{14} = E\varepsilon_{14}S =$ _____

$F_{15} = E\varepsilon_{15}S =$ _____

$F_{16} = E\varepsilon_{16}S =$ _____

$F_{17} = E\varepsilon_{17}S =$ _____

$F_{18} = E\varepsilon_{18}S =$ _____

$F_{19} = E\varepsilon_{19}S =$ _____

$F_{110} = E\varepsilon_{110}S =$ _____

② 总拉力 $F_{2i} = E\varepsilon_{2i}S$

$F_{21} = E\varepsilon_{21}S =$ _____

$F_{22} = E\varepsilon_{22}S =$ _____

$F_{23} = E\varepsilon_{23}S =$ _____

$F_{24} = E\varepsilon_{24}S =$ _____

$F_{25} = E\varepsilon_{25}S =$ _____

$F_{26} = E\varepsilon_{26}S =$ _____

$F_{27} = E\varepsilon_{27}S =$ _____

$F_{28} = E\varepsilon_{28}S = $ _____

$F_{29} = E\varepsilon_{29}S = $ _____

$F_{210} = E\varepsilon_{210}S = $ _____

③ 拉力增量 ΔF_i

$\Delta F_1 = E\Delta\varepsilon_1 S = $ _____

$\Delta F_2 = E\Delta\varepsilon_2 S = $ _____

$\Delta F_3 = E\Delta\varepsilon_3 S = $ _____

$\Delta F_4 = E\Delta\varepsilon_4 S = $ _____

$\Delta F_5 = E\Delta\varepsilon_5 S = $ _____

$\Delta F_6 = E\Delta\varepsilon_6 S = $ _____

$\Delta F_7 = E\Delta\varepsilon_7 S = $ _____

$\Delta F_8 = E\Delta\varepsilon_8 S = $ _____

$\Delta F_9 = E\Delta\varepsilon_9 S = $ _____

$\Delta F_{10} = E\Delta\varepsilon_{10} S = $ _____

④ 被连接件传给各螺栓的工作拉力 PN_i 的理论计算

$PN_1 = PN_6 = QLr_1/(\ r_1^2 + r_2^2 + \cdots + r_{10}^2\ ) = QLr_1/[\ 2\times 2(\ r_1^2 + r_2^2\ )\ ] = $ _____

$PN_2 = PN_7 = PN_1/2 = $ _____

$N_3 = PN_8 = $ _____

$PN_4 = PN_9 = -PN_1/2 = $ _____

$PN_5 = PN_{10} = -PN_1 = $ _____

5. 绘出实测螺栓组应力分布图

6. 思考题及心得体会

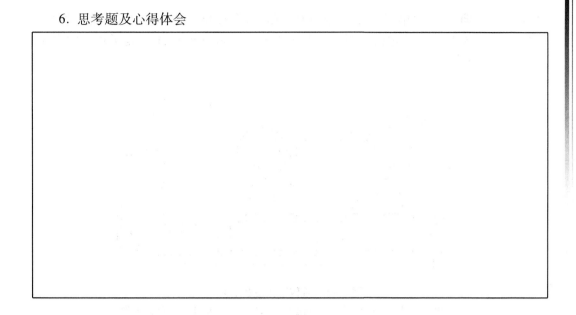

5.2　带动实验

5.2.1　实验目的

（1）观察带传动中弹性滑动和打滑现象。
（2）了解初拉力对传动能力的影响。
（3）掌握带传动扭矩、转速的测试方法。
（4）绘制出滑动曲线和效率曲线，对带传动工作原理进一步加深认识。

5.2.2　实验设备及用具

带传动实验台。

5.2.3　实验台的结构及工作原理

带传动实验台由机械装置、电器箱和负载箱三部分组成。其间由航空插座与导线连接，如图 5-5 所示。

（1）机械装置包括主动部分和从动部分。

① 主动部分包括：355 W 直流电动机"4"和其主轴上的主动带轮"2"、带预紧装置"1"、直流电机测速传感器"3"及电动机测矩传感器"5"，电动机安装在可左右直线滑动的平台上，平台与带预紧装置相连，改变砝码的重力，就可改变传动带的预紧力。

② 从动部分包括：355 W 直流发电机"9"和其主轴上的从动轮"8"，直流发电机测速传感器"10"及直流发电机测矩传感器"7"，发电机发出的电量，经连接电缆送进电气控制箱"12"，经导线"14"与负载连接。发电机的输出与负载部分相连，对于发电机，每打开一

个灯泡开关,即在电枢回路上并联一个负载电阻,依次打开灯泡开关使发电机负载逐步增加,电枢电流增大,随之电磁转矩也增大,即发电机负载逐步增加,实现了负载的改变,相当于机械负载逐步增加。

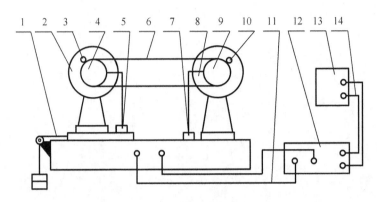

图 5－5　带传动实验台结构

1—带预紧装置;2—主动带轮;3—测速传感器;4—直流电动机;5—测矩传感器;
6—皮带(平皮带和三角带);7—测矩传感器;8—从动轮;9—直流发电机;10—测速传感器;
11—连接电缆(2根);12—电气控制箱;13—负载箱;14—连接导线(2根)

(2)负载箱:由9只40 W灯泡组成,改变负载箱上的开关,改变负载。

(3)电器箱:实验台所有的控制、测试均由电器控制箱"12"来完成,旋动设在面板上的调速旋钮,可改变主动轮和从动轮的转数,并由面板上的转速计数器直接显示。直流电动机和直流发电机的转动力矩也分别由设在面板上的计数器显示出。

(4)实验台的工作原理:带传动实验台由直流电动机通过传动带拖动直流发电机而组成带传动机械系统,电动机输出扭矩(即主动轮扭矩)和发电机负载扭矩(即从动轮扭矩)采用平衡法来测定。电动机或发电机的定子外壳(即机壳)支承在支座的滚动轴承中,并可绕与转子相重合的轴线任意摆动。当主动电机启动和从动电机带负载后,由于定子磁场和电枢转子间的电磁力的相互作用,主动电动机外壳将向与转子旋转的相反方向转动,从动发电机外壳将向与转子旋转的相同方向转动,为了阻止外壳转动,它们的转动力矩分别通过固定在外壳上的压力传感器所产生的力矩来平衡。由于作用于定子上的力矩与转子上的力矩是大小相等方向相反的,因此

主动轮转矩 T_1 为

$$T_1 = F_1 \cdot L_1 \quad \text{N} \cdot \text{m}$$

从动轮转矩 T_2 为

$$T_2 = F_2 \cdot L_2 \quad \text{N} \cdot \text{m}$$

其中 F_1,F_2 为主、从动轮压力传感器测得的压力的数值,L_1,L_2 为两个力臂,且 $L_1 = L_2 = 120$ mm。主从动轮压力传感器测得的压力可通过面板直接读出,主从动轮的转速 n_1 和 n_2 是通过调速旋钮来调控,并通过光电式转速传感器测量并显示出来。

带的有效拉力 F 为

$$F = \frac{2T_1}{D_1} \quad \text{N} \cdot \text{m}$$

式中 T_1 为主动轮转矩,$D_1 = 125$ mm 为主动轮直径,所以

$$F = \frac{2F_1 L_1}{D_1} = 2F_1 \quad \text{N} \cdot \text{m}$$

带传动的滑动系数 ε 为

$$\varepsilon = \frac{n_1 - in_2}{n_1} \times 100\%$$

式中 i 为传动比,由于实验台的带轮直径 $D_1 = D_2 = 125$ mm,$i = 1$。所以

$$\varepsilon = \frac{n_1 - n_2}{n_1} \times 100\%$$

带传动的传动效率 η 为

$$\eta = \frac{P_2}{P_1} \times 100\% = \frac{T_2 n_2}{T_1 n_1} \times 100\%$$

式中 P_1,P_2 为主、从动轮的功率。

随着负载的改变 T_1,T_2,$\Delta n = n_1 - n_2$ 也均在改变,这样即可获得一系列的 ε 和 η 值,然后可绘制出滑动曲线和效率曲线,如图 5 - 6 所示。

从图上可以看出,临界点 A_0 之前为弹性滑动区,即带传动的正常工作区域,随着载荷的增加,滑动系数逐渐增加呈线性关系。

当载荷继续增加超过临界点 A_0 时,即进入打滑区域并出现打滑现象,此时传动带不能正常工作,打滑现象应当避免。

增加砝码的质量可发现滑动曲线右移,即带的传动能力提高。

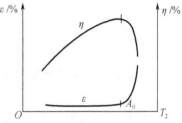

图 5 - 6 滑动曲线和效率曲线

5.2.4 实验步骤

(1)接通电源前,先将实验台的电源开关置于"关"的位置。

(2)将传动带套到主动带轮和从动带轮上,轻轻向左拉移电动机,并在预紧装置的砝码盘上加适当质量的砝码(要考虑摩擦力的影响)。

(3)检查负载开关,使它们都置于断开状态。

(4)检查控制面板上的调速旋钮,应将其逆时针旋转到底,即置于电动机转速为零的位置。

(5)接通实验台电源(单相 220 V),打开电源开关。

(6)顺时针方向慢慢旋转调速旋钮,使电动机转速由低到高,直到电动机的转速显示为 $n_1 \approx 1\,000$ 转/分为止(同时显示出 n_2),此时,压力传感器也同时显示出所测得的压力 F_1,F_2。记录下测试结果 n_1,n_2 和 F_1,F_2。

（7）按下负载开关 1 ~ 2 个,使发电机增加一定量的负载,调速 $n_1 \approx 1\ 000$ 转/分,待工况稳定后,再测试并记录这一工况下的 n_1, n_2 和 F_1, F_2。

（8）再增加一定量的负载,并再调速到 $n_1 \approx 1\ 000$ 转/分,记录下又一工况下的 n_1, n_2 和 F_1, F_2。

（9）继续逐级增加负载,重复上述实验,直到 $n_1 - n_2 > 30$ 转/分为止,因为此时 $\varepsilon > 30\%$,带传动已进入打滑区工作。

（10）增加皮带预紧力(增加砝码质量),再重复以上试验,经比较试验结果,可发现带传动功率提高,滑动系数降低。

（11）可换用 V 带,再重复以上试验。

（12）实验结束后,将调速旋钮逆时针方向旋转到底,再关掉电源开关,然后切断电源,取下带预紧砝码。

（13）整理实验数据,作出实验报告。

5.2.5 实验报告要求

（1）写出实验台工作条件:
① 带种类;
② 初拉力;
③ 带轮直径;
④ 包角;
（2）填写实验数据记录表。
（3）绘制弹性滑动曲线和效率曲线。
（4）问题讨论:
① 试比较两次不同初拉力,曲线有何不同,为什么?
② 传动的弹性滑动和打滑现象有何区别,它们产生的原因是什么?

5.2.5 实验报告式样

带传动实验报告

专业班级:_____ 姓名:_____ 学号:_____ 同组人:_____

日期:_____ 指导教师:_____ 成绩:_____

1. 实验设备名称、型号

设备名称	型 号

2. 实验设备与实验条件

(1) 实验机型号(或编号):_____

(2) 实验条件:

① 传动带类型:_____

② 初拉力:F_{01} = _____ N;F_{02} = _____ N

③ 带的张紧方式:_____

④ 带轮直径:$D_1 = D_2$ = _____ mm

⑤ 测力杠杆臂长:$L_1 = L_2$ = _____ mm

⑥ 包角:$\alpha_1 = \alpha_2$ = _____

3. 实验数据记录

F_{01} = _____ N

序号	n_1/rpm	n_1/rpm	$\varepsilon\%$	F_1/N	F_2/N	T_1/N·m	T_2/N·m	$\eta\%$
1								
2								
3								
4								
5								
6								
7								
8								
9								

F_{02} = _____ N

序号	n_1/rpm	n_1/rpm	$\varepsilon\%$	F_1/N	F_2/N	T_1/N·m	T_2/N·m	$\eta\%$
1								
2								
3								
4								
5								
6								
7								
8								
9								

4. 绘制弹性滑动曲线和效率曲线

5. 思考题及心得体会

5.3　齿轮传动效率测定实验

5.3.1　实验目的

（1）了解封闭功率流式齿轮效率实验台的结构特点和工作原理。

（2）了解齿轮传动效率的测试方法。

（3）绘制齿轮传动效率曲线,了解速度、扭矩对效率的影响。

5.3.2 实验设备

封闭功率流式齿轮效率实验台。

5.3.3 实验台的结构及工作原理

封闭功率流式齿轮实验台结构如图 5－7 所示。

封闭齿轮实验机具有 2 个完全相同的齿轮箱(被测齿轮箱 I 和陪测齿轮箱 II),每个齿轮箱内都有 2 个相同的齿轮相互啮合传动,两个实验齿轮箱之间由两根轴(其中一根是用于储能的弹性扭力轴 3,另一根为加载轴)相连,组成一个封闭的齿轮传动系统。蜗轮副 4 和加载联轴器 5 与加载杠杆配合完成封闭扭矩的施加。加载联轴器由左右两半组成,左半联轴器装有蜗轮,蜗杆装在下侧底座上,可以抬起与放下,放下时蜗轮、蜗杆脱开,抬起时啮合。右半联轴器上装有加载法兰盘,与加载杠杆、砝码配合实现加载,如图 5－8 所示。左右两半联轴器用螺钉连接。抬起蜗杆可阻止蜗轮反转(自锁)。调整加载杠杆至水平位置实施加载(必须松开连接螺栓),加载后拧紧连接螺栓,放下蜗杆使加载轴能自由旋转即可开始实验。当由电动机 1 驱动该传动系统运转起来后,电动机传递给系统的功率被封闭在齿轮传动系统内,即两对齿轮相互自相传动,此时若在动态下脱开电动机,如果不存在各种摩擦力(这是不可能的),且不考虑搅油及其他能量损失,该齿轮传动系统将成为永动系统;由于存在摩擦力及其他能量损耗,在系统运转起来后,为使系统连续运转下去,由电动机继续提供系统能耗损失的能量,此时电动机输出的功率仅为系统传动功率的 20% 左右。对于实验时间较长的情况,封闭式实验机是有利于节能的。

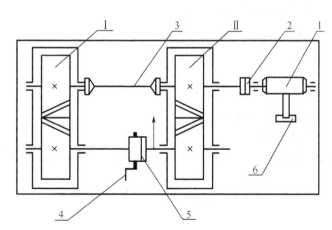

图 5－7　封闭功率流齿轮效率测试台结构简图

1—电动机;2—联轴器;3—弹性扭力轴;4—蜗轮副;5—加载联轴器;6—测力传感器

由图 5－8 可知,施加的封闭扭矩为

$$T_2 = L_2 \cdot G_2 + T_C \quad \text{N} \cdot \text{m}$$

式中　L_2——加载杠杆力臂长,m,$L_2 = 0.34$ m;

　　　G_2——砝码重量,N;

　　　T_C——加载系统自重相当施加的扭矩,N·m,$T_C = 6$ N·m。

故运转时封闭功率为

$$P_2 = \frac{T_2 n_2}{9\,550} \quad \text{kW}$$

式中　n_2——轴的转速。

由上可知,齿轮所受负载的大小仅与加载机构施加的扭矩有关,而与系统外的电动机无关,不转时,系统只有扭矩存在,而无功率的流动和损耗。当电机运转时,带动整个系统运转,并使封闭系统产生功率流动和损耗,电动机的作用仅在于克服各种阻力所耗功率以维持正常运转,电动机输出扭矩 T_1 可以通过测力传感器测得,电动机装在可以转动的支座上,当电动机运转并对试验台输出扭矩时,产生的反力矩(即电动机输出扭矩)T_1 传给定子外壳,其大小可用测力传感器测得,即

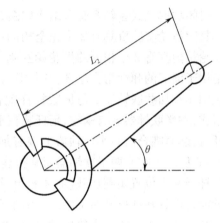

图 5 – 8　加载原理图

$$T_1 = F_1 \cdot L_1 \quad \text{N} \cdot \text{m}$$

式中　F_1——电动机运转产生的反力,N;

　　　L_1——为测力杠杆臂长(测量),$L_1 = 0.11$ m。

电动机转速 n_1 查看电动机铭牌,n_2 与 n_1 相等。

电动机输出功率为

$$P_1 = \frac{T_1 n_1}{9\,550} \quad \text{kW}$$

式中　n_1——电动机转速,r/min,查看电动机铭牌;

　　　T_1——电动机输出扭矩,N·m。

传动系统中,$i = 1$,$n_1 = n_2$。

整个测试系统总功率为 $P_1 + P_2$,有用功率(封闭功率)为 P_2,故传动效率为

$$\eta = \sqrt{\frac{P_2}{P_1 + P_2}} \times 100\%$$

即

$$\eta = \sqrt{\frac{T_2}{T_1 + T_2}} \times 100\%$$

5.3.4 实验步骤

（1）首先检查试验台转动是否灵活,润滑油是否合适。

（2）松开加载联轴器上连接螺栓,抬起加载杠杆使蜗轮副啮合,固定左半联轴器。

（3）用加载杠杆施加封闭扭矩,转动蜗杆调至杠杆成水平状,即 $\theta = 0°$。拧紧联轴器螺栓,取下加载杠杆。

（4）放下蜗杆使蜗轮副脱离啮合,用手转动加载联轴器应转动灵活。

（5）记下加载数据。

（6）控制箱上扭力调零。

（7）改变载荷,记录有关数据,作出扭矩与效率曲线（$T_2 - \eta$）。

（8）改变转速,记录有关数据,作出转速与效率曲线（$n_2 - \eta$）。

（9）实验完成后,将载荷卸掉,整理好实验场地。

5.3.5 实验报告要求

（1）写出实验条件。

（2）数据记录与计算。

（3）绘制 $T_2 - \eta$ 和 $n_2 - \eta$ 曲线。

（4）思考题:

① 封闭功率流式齿轮效率试验台有哪些优点?

② 本实验测得的效率是否为齿轮啮合效率,它包括哪几部分的效率?

5.3.5 实验报告式样

齿轮传动效率测定实验报告

专业班级:＿＿＿＿＿＿＿　　姓名:＿＿＿＿＿＿＿　　学号:＿＿＿＿＿＿＿　　同组人:＿＿＿＿＿＿＿

日期:＿＿＿＿＿＿＿　　指导教师:＿＿＿＿＿＿＿　　成绩:＿＿＿＿＿＿＿

1. 实验设备名称、型号

设备名称	型　号

2. 写出实验条件

试验齿轮模数:m_n = ＿＿＿＿＿ mm　　齿数:$z_1 = z_2$ = ＿＿＿＿＿　　螺旋角:$\beta_1 = \beta_2$ = ＿＿＿＿＿

中心距:a = ＿＿＿＿＿ mm　　传动比:i = ＿＿＿＿＿

电动机转速:n_1 = ＿＿＿＿＿ rpm　　电动机额定功率:P_1 = ＿＿＿＿＿ kW

实验台最大封闭功率：$P_{2max} = $ _____ kW　　实验台最大封闭扭矩：$T_{max} = $ _____ N·m

加载系统自重相当扭矩：$T_c = $ _____ N·m　　加载杠杆臂长：$L_2 = $ _____ m

测力杠杆臂长：$L_1 = $ _____ m

3．数据记录与计算

（1）电动机转速_____ rpm

	加载砝码	封闭扭矩	电动机扭力	电机输出扭矩	功　　率		传动效率
	G_2/N	T_2/N·m	N	T_1/N·m	P_1/kW	P_2/kW	η
1							
2							
3							
4							
5							
6							

（2）加载砝码重量_____ N

	电动机转速	封闭扭矩	电动机扭力	电机输出扭矩	功　　率		传动效率
	n_1/rpm	T_2/N·m	N	T_1/N·m	P_1/kW	P_2/kW	η
1							
2							
3							
4							
5							
6							

4．绘制 $T_2 - \eta$ 和 $n_2 - \eta$ 曲线

5.思考题及心得体会

5.4　蜗杆传动效率测定实验

5.4.1　实验目的

(1) 了解蜗杆传动效率的测试方法;

(2) 求出蜗杆传动效率与功率之间的关系,并绘制 $\eta - T_1$ 曲线。

5.4.2　实验设备

蜗杆传动效率测试实验台。

5.4.3　实验设备结构及工作原理

通过蜗杆传动效率测试实验台可进行蜗杆传动效率测定,测定转速和载荷之间的关系,使学生掌握测量转矩、转速、功率效率的实验方法。

实验台结构示意图如图 5 − 9 所示,主要由调速电机 2、联轴器 4、蜗杆减速箱 5、抱闸制动系统 6,7 和测力(矩)系统 8,9,10,15,16 组成。

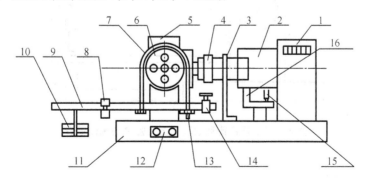

图 5 − 9　蜗杆传动效率测试实验台结构

1—电机转速表;2—调速电机;3—电机支架;4—联轴器;5—蜗杆减速箱;6—制动毂;

7—制动带;8—拉砝;9—测矩杠杆;10—砝码;11—实验台底座;12—操纵面板;

13—制动带拉紧螺母;14—平衡砣;15—测力百分表;16—电机测矩杠杆

实验台的动力是直流调速电机 2。它的转轴由一对轴承支在支架 3 上,因而电机的转子同外壳一起可以绕轴摆动。电机外壳上装有测力矩杠杆 16,可以测出电机工作时的输出扭矩 T_1(即蜗轮箱的输入扭矩)。电机转子轴头用联轴器 4 与蜗轮减速箱 5 蜗杆轴相连驱动蜗轮转动。在蜗轮轴上装有制动轮毂 6,制动带 7 包在其上,当拧紧制动带 7 的拉紧螺母 13 时,与测力杠杆 9 联合产生制动力矩,测试原理如图 5 – 10 所示,其力矩可以测出,即蜗轮减速箱的输出扭矩 T_2,故

$$\eta = \frac{P_1}{P_2} = \frac{T_1}{iT_2}$$

式中　η——蜗杆减速箱的总效率,包括轴承效率与搅油损耗;

$T_1 = F_1 L_1$;

F_1——由测力杠杆 16 测得;

$F_1 = K_1 \Delta_1$;

K_1——测力杠杆刚性系数(实验台标有),(N/格);

Δ_1——百分表 15 读数,(格);

L_1——测力杠杆力臂为 115 mm;

T_2——蜗杆传动的输出扭矩;

$T_2 = G_2 L_2 + gl$;

G_2——砝码 9 的重量;

L_2——测力杠杆 8 的臂长 330 mm;

g——拉砣重量(1.5 N);

l——拉砣的位置;

i——传动比(20)。

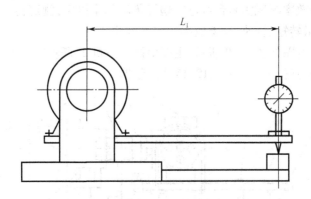

图 5 – 10　蜗轩传动效率测试实验台的测试原理

5.5.4　实验步骤

(1) 准备工作

① 将实验台安放在平台上,要垫平,不能晃动。

② 为确保实验安全,请接好地线。

③ 给蜗杆减速箱注入定量润滑油。

④ 将电机开关置于关的位置上,调速旋钮调至最低点。

⑤ 用手扳动联轴器,要求转动灵活,没有卡死现象。

(2)进行实验

① 接通电源。

② 拧松制动带拉紧螺母,直到制动带与制动轮毂之间约有 3 mm 的间隙,当拉砝处在 0 和无砝码的条件下,用平衡砝 14 调测矩杠杆 9 水平。

③ 加载。在砝码盘上加 2 N 砝码一块,慢慢拧紧拉紧螺母使制动带有一定负载。

④ 打开电源开关,电源指示灯亮。

⑤ 百分表调零。

⑥ 慢慢地顺时针转动调速旋钮,使制动毂在制动带中转动使杠杆 9 呈水平状态(不能卡死),记下各数据 Δ_1,G_2,n_1 等。

⑦ 改变砝码 10 的重量,重复以上调试即可。

⑧ 安装调试完毕,取下全部砝码,降低电机转速直到停止,关闭开关,切断电源。

5.5.5　实验报告要求

(1)计算蜗杆效率。

(2)绘制出绘制 $\eta - T_1$ 曲线。

(3)思考题:

影响蜗杆传动效率的因素有哪些?

5.5.6　实验报告式样

蜗杆传动效率测定实验报告

专业班级:_____　姓名:_____　学号:_____　同组人:_____

日期:_____　指导教师:_____　成绩:_____

1. 实验设备名称、型号

设备名称	型　号

2. 根据测试数据计算蜗杆效率

3. 绘制出绘制 $\eta - T_1$ 曲线

4. 思考题及心得体会

5.5　滑动轴承实验

5.5.1　实验目的

(1) 观察滑动轴承动压油膜形成过程与现象,加深对形成流体动压条件的理解。
(2) 通过实验绘制出滑动轴承的特性曲线。
(3) 通过实验数据与数据处理绘制出轴承径向油膜压力分布曲线及承载曲线。

5.5.2　实验设备

滑动轴承实验台。

5.5.3　实验台的结构与工作原理

滑动轴承实验台主要由滑动轴承、机械传动、测试装置三大部分组成。

(1) 滑动轴承。如图 5-11 所示,实验用的滑动轴承是用青铜制成的半轴瓦置于轴的上部,轴的下部三分之二浸在装有 45 号机油箱体的油池里。当轴转动时,将油带入轴和轴瓦之间,形成动压油膜。在轴瓦中部位置每隔 22°30′沿径向钻有一个小孔,共 7 个,每个小孔都连上一个油压表。轴承内形成动压油膜后,每点的油膜压力可通过相应位置的油压表直接读出。

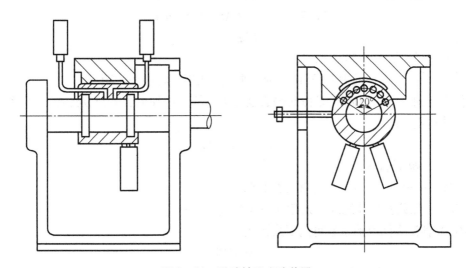

图 5-11　滑动轴承实验装置

(2) 机械传动。选用 355 W 直流调速电机作为动力源,转速由控制面板上的调速旋扭调节,转速由数字转速计显示。电机转速经一级 V 形带减速,带动轴转动($i = 3.175$)。
(3) 测试装置。
① 利用油膜形成指示电路和控制面板上的油膜指示灯的明暗程度显示油膜形成

过程。

当轴没有转动时,轴与轴瓦是接触的,接通开关 K 则有较大的电流流过灯泡,可以看到灯泡很亮。

当主轴刚启动时,轴和轴瓦之间处于半干摩擦状态,摩擦力矩很大,可看到测力杠杆一端的百分表有较大读数。当主轴在很低的转速下慢慢转动时,主轴把油带入轴与轴瓦之间形成部分油膜润滑,由于油是绝缘体使金属接触面积减小,因而电路中电流减小灯泡亮度变暗。当主轴转速再提高一点时,轴与轴之间形成了很薄的压力油膜将轴与轴相互分开,灯泡就不亮了,若在电路中串联一毫安表,可发现毫安表指针有摆动现象。这是由于轴与轴瓦加工精度的影响,表面上的微观不平尖峰时而有接触,因此毫安表指针有摆现象,但接触时间短,电流很小,不足以点亮灯泡;当主轴转速足够高时,在轴与轴瓦之间形成了完全油膜,两个表面被油膜分开,电路中断,毫安表指针回到零,不再摆动,这时我们就得知动压油膜已经形成了。

② 求出滑动轴承在刚启动时的摩擦力矩和摩擦系数。

实验时转动轴由于摩擦力矩作用,使测矩杠杆和测力弹簧片的触点产生作用力 Q,其大小由测力百分表测出为

$$Q = K\Delta \quad (\text{N})$$

式中　K——测力弹簧片刚度系数,N/格,实验台标出;

　　　Δ——测力表变化格数,1 格 $=0.01$ mm。

设轴与轴瓦之间的摩擦力为 F,根据力矩平衡条件可得

$$Fd/2 = QL = K\Delta L \quad (\text{N} \cdot \text{mm})$$
$$F = 2LK\Delta/d \quad (\text{N})$$

式中　d——轴的直径,60 mm;

　　　L——测力杠杆的力臂长,160 mm(轴中到测矩杠杆触头的距离)。

作用在轴瓦上的载荷 W 是由砝码通过加载杠杆系统加上去的,它还包括加载系统和轴瓦等的自重,即

$$W = iG + G_0$$

式中　G——砝码重量;

　　　G_0——轴瓦、压力计等自重,(342 N);

　　　i——加载杠杆系统放大系数,(42.627)。

因此,轴瓦之间摩擦系数可用下式计数:

$$f = F/W$$

单位压力 q 可用下式计算:

$$q = W/(dB)$$

式中　B——轴承宽度,(75 mm)。

刚启动时不加砝码,载荷只是杠杆系统的自重,慢慢转动带轮或电机,在刚有转动趋势的时候,读下百分表的最大格数,为了保证数据记录的准确性需要重复做三次将数据填入表格中。

5.5.4 实验内容及步骤

（1）观察动压油膜形成过程。

① 接通电源,灯泡亮。

② 启动电动机逐渐增大转速,灯泡由亮变暗。

③ 直到灯泡熄灭,毫安表为零时,记下转速 n,液体动压油膜完全形成。

（2）测量启动时摩擦力矩和摩擦系数。

① 用手轻轻转动带轮。

② 当轴有转动趋势时记下百分表的读数。

③ 不加砝码 W,仅为自重,反复三次将数据记入表中。

（3）绘制滑动轴承特性曲线。45 号机油动力黏度在实验条件下认为等于 0.34 PaS 不变。电机转速 n 可由转速表测得。q 为比压,计算得

$$q = W/(dB)$$

式中　W——载荷重量;

　　　d——轴的直径;

　　　B——轴瓦宽。

摩擦系数 f 大小和转速有关,刚启动时为半干摩擦,摩擦系数很大,随着转速的升高,压力油膜使轴与轴瓦的接触面积减少,摩擦系数明显减小。当达到临界点 α_0 时形成全液体摩擦之后,摩擦系数随转速增大而增大,这是由于油膜中黏切力增加的缘故,在 α_0 之前为非液体摩擦区,在 α_0 以后为液体摩擦区,即滑动轴承正常工作区域。实验时改变转速 n 即可作出此特性曲线,数据记录表中。

（4）绘制轴承径向油膜压力分布曲线与承载量曲线。启动电动机,令 $n = 250 \sim 300$ r/min。加上载荷观察灯泡(毫安表)形成动压油膜后,油和表稳定在某一位置时,由左向右依次将各油压表的压力值记录在表中,具体画法是沿着圆周表面从左向右画出角度分别为 $22°30′,45°,67°30′,90°,112°30′,135°,157°30′$ 等分径向线而得出油孔点 1,2,3,4,5,6,7 位置,将各油压表的压力值按比例画出压力向量(推荐 0.1 MPa = 5 mm)$1 - 1′,2 - 2′,3 - 3′,4 - 4′,5 - 5′,6 - 6′,7 - 7′$ 用平滑曲线连接。这就是位于轴承中部截面的油膜径向压力分布曲线。

为了确定轴承承载量,用 $P_i \sin\theta(i = 1,2,3,4,5,6,7)$ 求得压力向量在载荷方向的(y 轴)投影值,角度 θ 与 $\sin\theta$ 的数值见下表。

θ	22°30′	45°	67°30′	90°	112°30′	135°	157°30′
$\sin\theta$	0.382 6	0.707	0.923 8	1	0.923 8	0.707	0.382 6

将这些 $P_i \sin\theta$ 平行 y 轴的向量移到直径 $0 - 8$ 上。为清楚起见,将直径 $0 - 8$ 平移到图的下面。在直径 $0 - 8″$ 上先画出轴承表面上油孔位置的投影点 $1″,2″,3″,4″,5″,6″,7″,8″$,然后通过这些点画出上述相应的各点压力在载荷方向上的分量,即 $1‴,2‴,3‴,4‴,5‴$,

6″′,7″′等点,将各点平滑地连接起来,所形成的曲线即为在载荷方向上的压力分布曲线。在直径 0 – 8″ 上作一个矩形,采用方格纸,使其面积与所作曲线包围的面积相等,那么该矩形的边长 P_{cp},即为轴承中部截面上的油膜径向平均压力。

轴承处在液体摩擦工作时,其油膜承载量与外载相平衡,轴承内油膜的承载量可通过下式求出:

$$P = W = \chi P_{cp} B d$$

式中　P——油膜承载能力;

　　　W——外加总载荷;

　　　χ——端泄对轴承承载能力影响系数;

　　　P_{cp}——径向平均单位压力;

　　　B——轴瓦长度;

　　　d——轴瓦内径。

因此,端泄系数为

$$\chi = \frac{W}{P_{cp} B d}$$

端泄对压力分布及承载能力影响均较大。

轴瓦轴向中点截面上平均压力亦可由下式计算:

$$P_{cp} = \frac{\sum\limits_{i=1}^{7} P_i \sin\theta}{7}$$

5.5.5　实验报告要求

(1) 实验台的已知条件。

(2) 求启动时摩擦力矩及摩擦系数。

(3) 绘制 $\eta n/q - f$ 特性曲线。

(4) 绘制油膜径向压力分布曲线与承载量曲线。

(5) 思考题:

① 形成动压油膜的三要素是什么?

② 当转速升高时,油膜径向压力分布曲线有何变化?

5.5.6　实验报告式样

滑动轴承实验报告

专业班级:_____　姓名:_____　学号:_____　同组人:_____

日期:_____　指导教师:_____　成绩:_____

1. 实验设备名称、型号

设备名称	型 号

2. 实验条件

$d =$ _____

$B =$ _____

$K =$ _____

$L =$ _____

$G_0 =$ _____

$i =$ _____

$\eta =$ _____

$q = W/(Bd) =$ _____

3. 求启动时摩擦力矩及摩擦系数

	百分表最大读数	载荷 W	启动摩擦力矩 T_i	摩擦系数 f
	格	N	N · mm	
1				
2				
3				
启动时平均值		$T_{平均} =$	$f_{平均} =$	

4. 绘制 $\eta n/q - f$ 特性曲线

5. 绘制油膜径向压力分布曲线与承载量曲线

6. 思考题及心得体会

5.6 减速器拆装实验

5.6.1 实验目的

(1) 通过拆装,了解齿轮减速器铸造箱体的结构以及轴和齿轮的结构。

(2) 了解减速器轴上零件的定位和固定,齿轮和轴承的润滑、密封以及各附属零件的作用、构造和安装位置。

(3) 熟悉减速器的拆装过程和调整的方法。

5.6.2 实验设备

(1) 一级圆柱齿轮减速器(见图 5 - 12)

(2) 二级展开式圆柱齿轮减速器(见图 5 - 13)

(3) 同轴式二级圆柱齿轮减速器(见图 5 - 14)

（4）圆锥圆柱齿轮减速器（见图 5 − 15）

图 5 − 12　一级圆柱齿轮减速器

图 5 − 13　二级展开式圆柱齿轮减速器

图 5 − 14　同轴式二级圆柱齿轮减速器

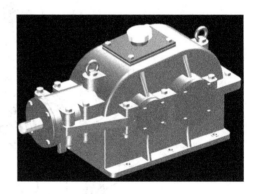

图 5 − 15　圆锥圆柱齿轮减速器

（5）一级蜗杆减速器（见图 5 − 16）
（6）分流式二级圆柱齿轮减速器（见图 5 − 17）

图 5 − 16　一级蜗杆减速器

图 5 − 17　分流式二级圆柱齿轮减速器

5.6.3　测量工具

游标卡尺、活扳手、钢板尺、外径千分尺、十字螺丝刀、一字螺丝刀、铜锤等。

5.6.4　实验内容

（1）了解铸造箱体的结构。

（2）观察减速器附属零件的结构和安装位置，了解减速器附属零件的用途，如图5－18所示。

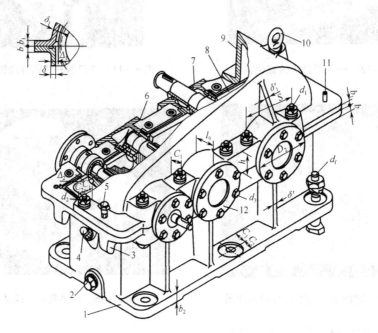

图5－18　二级圆柱齿轮减速器

1—箱座；2—螺塞；3—吊钩；4—油标尺；5—启盖螺钉；6—油封垫片；7—毡封油圈；
8—油沟；9—箱盖；10—吊环螺钉；11—定位销；12—轴承盖

（3）测量减速器的中心距，中心高，箱座上、下凸缘的宽度和厚度，筋板的厚度，齿轮端面（蜗轮轮毂）与箱体内壁的距离，大齿轮顶圆（蜗轮外圆）与箱内壁之间的距离，轴承内端面至箱内壁之间的距离等，如图5－19所示。

（4）观察、了解蜗杆减速器箱体侧面（蜗轮轴向）宽度与蜗杆的轴承盖外圆之间的关系。为提高蜗杆轴的刚度，仔细观察蜗杆轴的结构特点。

（5）了解轴承的润滑方式和密封位置，包括密封的形式。轴承内侧挡油环、封油环的作用原理及其结构和安装位置。

（6）了解轴承的组合结构以及轴承的拆装、固定和轴向间隙的调整；测绘轴系部件的结构图。

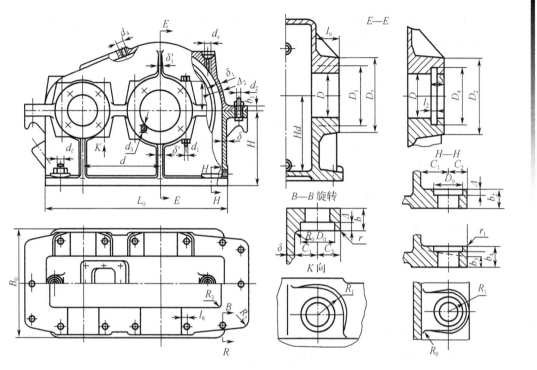

图 5 – 19　减速器结构尺寸

5.6.5 实验步骤

1. 拆卸

（1）仔细观察减速器外面各部分的结构,从观察中思考以下问题:

① 如何保证箱体支撑具有足够的刚度?

② 轴承座两侧的上下箱体连接螺栓应如何布置?

③ 支撑该螺栓的凸台高度应如何确定?

④ 如何减轻箱体的重量和减少箱体的加工面积?

⑤ 减速器的附件如吊钩、定位销钉、启盖螺钉油标、油塞、观察孔和通气等各起何作用,其结构如何,应如何合理布置?

（2）用扳手拆下观察孔盖板,考虑观察孔位置是否妥当,大小是否合适。

（3）拆卸箱盖。首先用扳手拆下轴承端盖的紧固螺钉,用扳手或套筒扳手拆卸上、下箱体之间的连接螺栓,拆下定位销钉,将螺钉、螺栓、垫圈、螺母和销钉等放在塑料盘中,以免丢失,然后拧动启盖螺钉卸下箱盖,仔细观察箱体内各零部件的结构及位置,从观察中思考以下问题:

① 对轴向游隙可调的轴承应如何进行调整,轴的热膨胀如何进行补偿?

② 轴承是如何进行润滑的? 如箱座的结合面上有油沟,则箱盖应采取怎样的相应结构才能使箱盖上的油进入油沟? 油沟有几种加工方法? 加工方法不同时,油沟的形状有何不同?

③ 为了使润滑油经油沟后进入轴承,轴承盖的结构应如何设计? 在何种条件下滚动轴承的内侧要用挡油环或封油环,其作用原理、构造和安装位置如何?

(4) 测量实验内容之(3)所列的有关尺寸,并记录于表。

(5) 卸下轴承盖,将轴和轴上零件随轴一起从箱座取出,按合理的顺序拆卸轴上零件。

2. 装配

按原样将减速器装配好。装配时按先内部后外部的合理顺序进行;装配轴套和滚动轴承时,应注意方向;应注意滚动轴承的合理拆装方法。经指导教师检查后才能合上箱盖。装配上、下箱之间的连接螺栓前应先安装好定位销钉。

5.6.6　实验报告要求

(1) 将减速器有关尺寸,填入表中。

(2) 将减速器各零件的名称及作用填入表中。

(3) 思考题:

① 轴承采用何种方式润滑与密封,为什么?

② 轴的支承形式有哪几种?

③ 如何减轻箱体的重量和减少箱体加工面积?

④ 连接螺栓处均做成凸台或沉孔平面,为什么?

5.6.7　实验报告式样

减速器拆装实验报告

专业班级:＿＿＿＿＿＿　姓名:＿＿＿＿＿＿　学号:＿＿＿＿＿＿　同组人:＿＿＿＿＿＿
日期:＿＿＿＿＿＿　指导教师:＿＿＿＿＿＿　成绩:＿＿＿＿＿＿

1. 实验设备名称、型号

设备名称	型　号

2. 将减速器有关尺寸,填入表中

名　称	符　号	数据/mm
地脚螺栓直径	d_f	
轴承旁螺栓直径	d_1	
盖座螺栓直径	d_2	

续表

名　　称	符　　号	数据/mm
轴承端盖螺栓直径	d_3	
窥视孔螺栓直径	d_4	
机座壁厚	δ	
机盖壁厚	δ_1	
机座凸缘厚度	b	
机盖凸缘厚度	b_1	
机座底凸缘厚度	b_2	
中心距	a	
中心高	H	
轴承端盖外径	D	
大齿轮顶圆(蜗轮)与箱体距离	Δ	
齿轮端面(蜗轮轮毂)与箱体内壁距离	Δ_1	

3.将减速器各零件的名称及作用填入表中

序　号	名　　称	作　　用	备　　注
1			
2			
3			
4			
5			
6			
7			
8			轴系零件、传动零件、各附件
9			
10			
11			
12			
13			
14			
15			

4. 测绘减速器轴系部件的结构草图(A4),并标注相关尺寸

5. 思考题及心得体会

第6章　机械创新设计实验

6.1　平面机构传动系统设计、拼装及运动分析实验

6.1.1　实验目的

（1）认识典型机构。
（2）设计实现满足不同运动要求的传动机构系统。
（3）拼装机构系统。
（4）对运动构件进行运动检测分析（位移、速度、加速度分析）。

6.1.2　实验设备

（1）PCC－Ⅱ型平面机构创意组合及参数可视化分析实验台。
（2）计算机及打印机。

6.1.3　实验原理

1. 平面机构创意组合及参数可视化分析实验台如图6－1所示。

实验台由装拆平台、机架、电动机、传动部件、杆、间隙轮、齿轮、棘轮、槽轮、凸轮等基本构件库组成，可根据设计需要进行设计和拼装。可灵活拼装以下19种平面传动机构：

① 曲柄摇杆机构；
② 曲柄导杆摇杆机构；
③ 曲柄对心滑块机构；
④ 曲柄偏心滑块机构；
⑤ 曲柄导杆对心滑块机构；
⑥ 曲柄导杆偏心滑块机构；
⑦ 凸轮机构；
⑧ 槽轮机构；
⑨ 齿轮－曲柄摇杆－棘轮机构；
⑩ 链－齿轮传动；
⑪ 曲柄摇杆－齿轮齿条机构；
⑫ 不完全齿轮机构；
⑬ 齿轮－曲柄摇杆机构；
⑭ 齿轮－曲柄导杆对心滑块机构；
⑮ 齿轮－曲柄导杆偏心滑块机构；

图6－1　PCC－Ⅱ型平面机构创意组合
及参数可视化分析实验台

⑯ 齿轮－曲柄滑块(牛头刨床)机构；

⑰ 齿轮－导杆摇杆机构；

⑱ 插齿机机构；

⑲ 曲柄摇杆滑块机构。

实验台可检测所拼装的各种平面机构活动构件的位移、速度和加速度，并通过计算机显示运动曲线，通过对构件运动曲线的分析，可了解机构运动规律及机构运动状态，进而对机构进行重新设计与装配调整。还可利用实验台提供的软件平台对机构运动进行虚拟设计和运动仿真。

2. 检测分析系统及其使用方法

实验台配备了硬件检测系统及软件分析系统，同时还具有两种调速方式。硬件系统采用单片机与 A/D 转换集成相结合进行数据采集，处理分析及实现与 PC 机的通信，达到适时显示运动曲线的目的。同时该系统采用光电传感器、位移传感器和加速度传感器作为信号采集手段。

数据通过传感器与数据采集分析箱将机构的运动数据通过计算机串口送到 PC 机内进行处理，形成运动构件运动参数变化的实测曲线，为机构运动分析提供手段和检测方法。

硬件系统原理框图如图 6－2 所示：

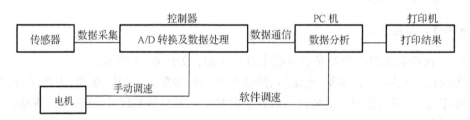

图 6－2　PCC－Ⅱ型平面机构创意组合及参数可视化分析实验台硬件系统原理框图

（1）传感器的安装。该实验台配备了一个光栅角位移传感器、一个直线位移传感器，可分别安装在旋转及移动构件上。在每种机构的输入及输出端均有安装位置。

（2）检测。实验台配有数据检测箱一个，上有传感器接口。其面板及背板图如图6－3所示：

面板上三个键为调速键，依次为"增加"、"减小"、"停止"，显示窗口将显示调速等级(0～20)。

背板上有两个数字量接口和两个模拟量接口，将光栅角位移传感器接线接在"数字量1"上，直线位移传感器接线接在"模拟量2"上，即可。

3. 运动曲线显示

被测构件的实时动态运动曲线由计算机相应软件进行显示，打开检测界面后，点击"检测"键即可显示被测构件的运动曲线。另外，测试界面内也有调速控件，可通过计算机直接调节电机转速。

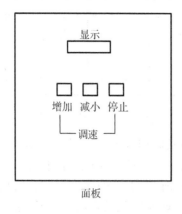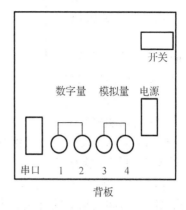

图 6 - 3　PCC - Ⅱ型平面机构创意组合及参数可视化分析实验台数据检测箱面板及背板面

本实验台电机转速控制系统有两种方式：

（1）手动控制　通过调节控制箱上的两个调速按钮调节电机转速。

（2）软件控制　在实验软件中根据实验需要来调节。

4. 实验软件

该软件为专用软件,包括教学和分析两部分,其中分析中有实测曲线和杆机构、凸轮机构、槽轮机构的运动曲线仿真。

点击可执行文件就会进入主界面。主界面包括四个主菜单："文件"、"实验内容"、"帮助"和"公式备查"。

（1）"文件"中有一个下拉菜单："退出"。点击"退出",程序会终止运行而结束。

（2）"实验内容"包括："实验录像"、"实验原理说明"、"实测"、"仿真"和"实验结果"5 个子菜单。"实验结果"菜单只有在"仿真"与"实测"的基础上才能操作,其余的菜单一点击就能进入相应的窗体,所以通过菜单的点击可以实现各窗体之间的切换。

①　实验录像的播放。实验录像窗体有 2 个按钮:停止和播放。点击"播放"可以播放录像,必须注意的是,在切换到其他窗体以前必须点击"停止"按钮。

②　机构的仿真过程。仿真窗体包括两个图片框:上方的是机构简图框,显示各机构的简单示意图;下方黑色的是仿真图框,可以对有四杆机构、曲柄滑块、导杆滑块、导杆摇杆、凸轮、槽轮 6 种机构进行仿真。机构简图框右边是机构选项卡,可以对以上 6 种仿真机构类型进行选择。

进入该界面后点击界面右边的机构选项卡,选择其中一种机构,然后确认好选项卡上文本框中的机构各构件尺寸,看是否与仿真的实际机构尺寸一样,如果不一样则需将实际构件尺寸输入到文本框中。最后点击"仿真"按钮,便可以把仿真机构的位移、速度、加速度曲线在窗体下方的黑色坐标框中绘制出来。如果仿真出来的位移、速度、加速度数值较小,无法显示在当前坐标区内,可以进行坐标调整(一般情况下无需调整)。

坐标调整如图 6 - 4 所示:

点击"增加按钮"缩放倍数会逐渐增加,值得注意的是必须用鼠标左键点击其倍数值,让其变为蓝色,坐标才会发生相应的调整。点击"减小按钮"亦然。

③ 仿真曲线的打印。仿真实验做完后,如果需要打印实验结果,则要先在仿真窗体点击"打印结果"按钮,注意:这只能将欲打

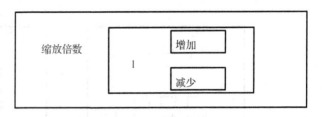

图 6 - 4　坐标调整示意图

印仿真的曲线与机构简图以文件的形式保存到实验结果中,要将其打印出来还要点击主菜单中"实验内容"下的"实验结果"菜单。点击之后,实验结果窗体将现出。实验结果窗体上有两个图片框和"打印预览"、"打印"两个按钮。上面的图片框显示的是仿真曲线,下面的是机构简图。打印结果必须是先点击"打印预览"、后点击"打印结果"。如果在预览时,预打印的曲线不在预览窗口,必须返回仿真窗体进行坐标调整,让需要打印的量出现在坐标轴内再进入打印窗体。

④ 机构曲线的实测。点击主菜单"实测"将实测窗体调用出来。该窗体主要包括两个曲线显示框,一个操作选项卡。上面的图片框显示光栅角位移传感器所测到的曲线,下面的图片框显示直线位移传感器所测到的曲线。操作选项卡有"文件"、"设置"、"操作"三个选项。首先观察执行机构是否启动,如果没有则要启动,该窗体上有"增加按钮","减少按钮"和"停止按钮",分别可以增加和减少电机当前的速度,也可以让电机停止。机构启动后,点击窗体右上角操作选项中"操作"项的"采集"按钮,便可对机构进行实测了。如果测到的曲线没有在图片框中就需对曲线和坐标作一定的调整,在"设置"选项中有坐标的缩放与上下移动,坐标的缩放与仿真窗体的一样。曲线调整可以由三个可输入的文本框进行,输入一定的缩放系数到文本框,点击该文本框下的"确定"按钮则可调整曲线的纵坐标大小。"文件"选项:有"保存文件"和"打开文件"2 个按钮,可以将采集到的曲线以文件的形式保存和打开。

(3)"帮助"包括:"帮助(H)"和"关于本软件"2 个菜单,如果在程序的运行中需要得到帮助可以点击"帮助(H)",如果想要了解有关本软件的相关信息可以点击"关于本软件"。

6.1.4　实验步骤

(1)认识实验台提供的各种传动机构的结构及传动特点。

(2)确定执行构件的运动方式(回转运动、间歇运动等)。

(3)设计或选择所要拼装的机构。

(4)看懂该机构的装配图和零部件结构图。

(5)找出有关零部件,并按装配图进行安装。

(6)机构运动正常后。用手拨动机构,检查机构运动是否正常。

(7)机构运动正常后,可将传感器安装在被测构件上,并连接在数据采集箱接线端口上。

(8)打开采集箱电源,按"增加"键,逐步增加电机转速,观察机构运动。

（9）打开计算机,并进入"检测"界面,观察相应构件的运动情况,如果有仿真界面内提供的机构,则可按实际机构的几何参数,对执行构件的运动进行仿真。

（10）实验完毕后,关闭电源,拆下构件。

6.1.5 实验报告要求

（1）对系统进行评价和分析。

（2）对执行构件的运动规律进行分析(有无急回特性,有无冲击,最大行程等)。

（3）思考题:

① 系统由几部分组成?

② 该系统安装精度如何,可如何改善? 分析精度误差造成的运动失真的原因。

③ 执行构件的运动特点如何?

④ 系统可应用在哪些机械系统中,有何优缺点?

6.1.6 实验报告式样

平面机构传动系统设计、拼装及运动分析实验报告

专业班级:_____ 姓名:_____ 学号:_____ 同组人:_____

日期:_____ 指导教师:_____ 成绩:_____

1. 实验设备名称、型号

设备名称	型　号

2. 对系统进行评价和分析

机构名称:
机构简图:

计算自由度：

对系统进行评价和分析：

3. 对执行构件的运动规律进行分析(有无急回特性,有无冲击,最大行程等)

4. 思考题及心得体会

6.2 空间机构创新设计、拼装及仿真实验

6.2.1 实验目的

(1) 深入了解空间机构的组成、运动特点、结构及工程应用。
(2) 培养学生的创新能力、综合设计能力和实践动手能力。
(3) 掌握空间机构创新设计仿真软件的操作使用。

6.2.2 实验设备及工具

(1) 空间机构创新设计、拼装及仿真实验台。
(2) 专用虚拟软件。
(3) 配套工具:扳手、螺丝刀、木锤等。

6.2.3 实验原理

空间机构中的各构件不都在同一平面内或平行平面内运动,其运动多样、结构紧凑,且灵活可靠,许多用平面机构根本无法实现的运动规律和空间轨迹曲线,可以通过空间机构来实现,因而空间机构在各种工作机构中应用广泛。

1. 空间机构创新设计、拼装及仿真实验台(如图 6 - 5 所示)

该实验台含机架一个,旋转电机一台(90 W,220 V,输出转速 10 r/min),V 带传动装置及各种运动副(转动副、移动副、球面副、圆柱副等)组件、球面槽轮、平面槽轮、蜗杆蜗轮、各类齿轮、连接件等,自制零件约 140 种 218 件,标准件及外购件约 36 种 155 件,可以拼装出 30 种空间机构:

① 圆锥齿轮传动机构;
② 螺旋齿轮传动机构;
③ 链传动;
④ 圆锥齿轮 - 螺旋齿轮传动机构;
⑤ 螺旋齿轮 - 圆锥齿轮传动机构;
⑥ 螺旋齿轮 - 单十字轴万向联轴器;
⑦ 圆锥齿轮 - 单十字轴万向联轴器;
⑦ 螺旋齿轮 - 双十字轴万向联轴器;
⑨ 圆锥齿轮 - 双十字轴万向联轴器;
⑩ 螺旋齿轮 - 蜗杆传动机构;
⑪ 圆锥齿轮 - 蜗杆传动机构;
⑫ 螺旋齿轮 - 蜗杆蜗轮 - 单十字轴万向联轴器;
⑬ 圆锥齿轮 - 蜗杆蜗轮 - 单十字轴万向联轴器;
⑭ 螺旋齿轮 - 双十字轴万向联轴器 - 蜗杆蜗轮;
⑮ 圆锥齿轮 - 双十字轴万向联轴器 - 蜗杆蜗轮;

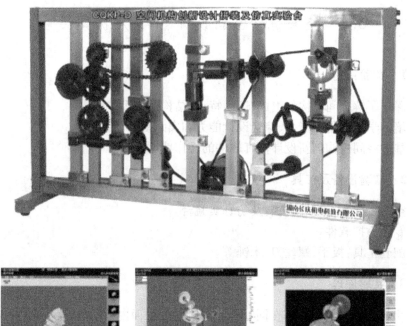

三维零件库　　　　　　机构的装配训练　　　　　机构的三维运动演示

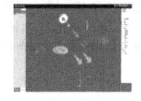
装拆过程爆炸　　　螺旋齿轮单万向节运动演示　　球面间歇机构运动演示

图 6 – 5　空间机构创新设计、拼装及仿真实验台

⑯ 圆锥齿轮 – 槽轮机构；

⑰ 球面槽轮机构；

⑱ 萨勒特(SARRUT)机构(3R – 3R 空间六杆机构)；

⑲ RSSR 空间曲柄摇杆机构；

⑳ RCCR 联轴器；

㉑ RCRC 揉面机构；

㉒ 圆锥齿轮 – 平面槽轮或球面槽轮机构；

㉓ 叠加机构；

㉔ RRSC 机构；

㉕ 棘轮机构；

㉖ 齿轮齿条机构(两种);

㉗ 盘形凸轮机构;

㉘ 圆柱凸轮间歇运动机构;

㉙ RRRCRR 机构;

㉚ 自动传送链装置。

空间机构种类较多,实验台提供了常见的空间机构有圆锥齿轮传动、螺旋齿轮传动、蜗杆蜗轮传动、单(双)十字轴万向联轴器、圆柱凸轮间歇运动机构等,另外实验台还提供了⑱萨勒特(SARRUT)机构(3R−3R 空间六杆机构)、⑲RSSR 空间曲柄摇杆机构、⑳RCCR 联轴器、㉑RCRC 揉面机构、㉔RRSC 机构、㉙RRRCRR 机构等均属空间连杆机构,现将其结构分析相关知识予以简介。

组成空间连杆机构的运动副有转动副 R、移动副(棱柱副)P、螺旋副 H,以上三种运动副为 V 类副,有 1 个自由度,5 个约束度;球销副 S′、圆柱副 C、平面高副(滚滑副),以上三种运动副为Ⅳ类副,有 2 个自由度,4 个约束度;球面副 S、平面副 E,以上两种运动副为Ⅲ类副,有 3 个自由度,3 个约束度。空间线高副为Ⅱ级副,有 4 个自由度,2 个约束度;空间点高副为Ⅰ级副,有 5 个自由度,1 个约束度。

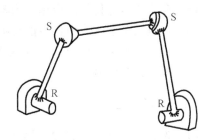

图 6−6 RSSR 空间曲柄摇杆机构

空间连杆机构的命名,常将所用运动副依次用符号相连为代表,例如图 6−6 所示空间曲柄摇杆机构,两连架杆均以转动副与机架相连,并均以球面副与连杆相连,故为 RSSR 机构。

空间机构自由度计算公式为

$$F = 6n - (5P_5 + 4P_4 + 3P_3 + 2P_2 + P_1)$$

式中,n 为活动构件数;$P_1 \sim P_5$ 分别为Ⅰ~Ⅴ级副数目。

计算空间机构自由度时,与平面机构相类似,要考虑局部自由度、复合铰链、虚约束及公共约束情况。如图 6−6 所示 RSSR 机构自由度计算值为

$$F = 6n - (5P_5 + 4P_4 + 3P_3 + 2P_2 + P_1)$$
$$= 6 \times 3 - (5 \times 2 + 3 \times 2)$$
$$= 2$$

机构中连杆 2 绕自身轴线回转自由度为局部自由度,应除去,所以 RSSR 机构自由度为 1。

球面槽轮机构(如图 6−7 所示)用于两相交轴之间的间歇传动,其从动槽轮呈半球形,主动拨轮的轴线及拨销的轴线均应通过球心。主动拨轮上的拨销通常只有一个,槽轮的动、停时间相等。如果在主动拨轮上对称安装两个拨销,槽轮将连续变速运动。

2. 专用虚拟软件

该软件可在局域网上联机使用。软件功能

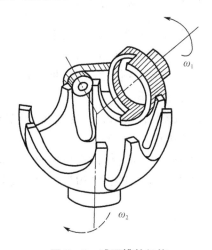

图 6−7 球面槽轮机构

如下：

（1）建有三维零件库。

（2）能完成30种空间机构的装配训练。给出机构所需零件清单,具有机构拼装顺序正误的判断功能。

（3）能完成30种空间机构的三维运动仿真演示。

（4）能自动完成30种空间机构的拆卸过程爆炸图演示。

6.2.4　实验步骤

（1）构思所要拼装的空间机构,画出机构运动示意图。建议在实验台提供的30种机构中选择。

（2）打开计算机,点击空间机构创新设计、拼装及仿真软件主界面,进入实验目的、实验注意事项、机架介绍、零件介绍、运动副搭接、装配训练等功能页面,按构思的机构示意图搭接运动副,装配成机构,并进行运动仿真及拆卸爆炸图演示。

（3）在实验台零件箱内选出所需零部件。

（4）在机架上装配出所构思的机构,并连接电机、带传动。

（5）手动运转无误后启动电机,观察机构运转情况。

（6）拆卸,零件归位。

6.2.5　实验注意事项

（1）先进行软件部分实验,即运动副搭接、装配训练、运动仿真及拆卸过程爆炸图演示,然后再在机架上进行实际零件的装配及运动演示。

（2）启动前一定要仔细检查各部分安装是否到位,启动电机后不要过于靠近运动零件,不得伸手触摸运动零件。

（3）同一小组中指定一人负责电机开关,遇紧急情况时立即停车。

6.2.6　实验报告要求

（1）画出机构运动示意图。

（2）计算机构自由度。

（3）按装配顺序列出零件清单。

（4）思考题：

① 比较由圆锥齿轮、螺旋齿轮、蜗杆蜗轮及万向联轴器按不同组合方案组合的对应空间机构的性能特点。

② 比较空间连杆机构与平面连杆机构的性能特点。

③ 比较平面槽轮机构与球面槽轮机构的性能特点。

6.2.7 实验报告式样

空间机构创新设计、拼装及仿真实验报告

专业班级：＿＿＿＿＿ 姓名：＿＿＿＿＿ 学号：＿＿＿＿＿ 同组人：＿＿＿＿＿

日期：＿＿＿＿＿ 指导教师：＿＿＿＿＿ 成绩：＿＿＿＿＿

1. 实验设备名称、型号

设备名称	型　号

2. 空间机构创新设计、拼装及仿真实验

机构名称					
	机构运动示意图			机构的三维装配图	
原动件		从动件		各轮齿数	
自由度计算					
按装配顺序列出零件清单					

3. 思考题及心得体会

6.3 轴系结构设计实验

6.3.1 实验目的

（1）熟悉和掌握轴的结构及其设计。
（2）掌握轴上零部件的常用定位与固定方法。
（3）掌握轴承组合设计的基本方法。
（4）综合创新轴系结构设计方案。

6.3.2 实验设备与使用工具

（1）轴系结构设计实验箱（如图 6 - 8 所示），箱内有 8 类 56 种 164 件轴系零部件（见表 6 - 1），可组合出十余种轴系结构方案。

图 6 - 8 轴系结构设计实验箱

表 6 – 1　实验箱内零件明细

序号	类别	零件名称	件数	序号	类别	零件名称	件数
1	齿轮类	小直齿轮	1	31	支座类	蜗杆用套环	1
2		小斜齿轮	1	32		直齿轮轴用支座（油用）	2
3		大直齿轮	1	33		直齿轮轴用支座（脂用）	2
4		大斜齿轮	1	34		锥齿轮轴用支座	1
5		小锥齿轮	1	35		蜗杆轴用支座	1
6	轴类	大直齿轮用轴	1	36	轴承	轴承 6206	2
7		小直齿轮用轴	1	37		轴承 7206AC	2
8		大锥齿轮用轴	1	38		轴承 30206	2
9		小锥齿轮用轴	1	39		轴承 N206	2
10		固游式用蜗杆	1	40		键 8×35	4
11		两端固定用蜗杆	1	41		键 6×20	4
12	联轴器	联轴器 A	1	42		圆螺母 M30×1.5	2
13		联轴器 B	1	43		圆螺母止动圈 ϕ30	2
14		凸缘式闷盖（脂用）	1	44		骨架油封	2
15		凸缘式透盖（脂用）	1	45		无骨架油封	1
16		大凸缘式闷盖	1	46		无骨架油封压盖	1
17		凸缘式闷盖（油用）	1	47	连接件及其他	轴用弹性卡环 ϕ30	2
18		凸缘式透盖（油用）	1	48		羊毛毡圈 ϕ30	2
19		大凸缘式透盖	1	49		M8×15 外六角螺钉	4
20		嵌入式闷盖	1	50		M8×25 外六角螺钉	6
21		嵌入式透盖	1	51		M6×25 外六角螺钉	10
22		凸缘式透盖（迷宫）	1	52		M6×35 外六角螺钉	4
23		迷宫式轴套	1	53		M4×10 外六角螺钉	4
24	轴套	甩油环	1	54		ϕ6 垫圈	10
25		挡油环	1	55		ϕ4 垫圈	4
26	轴套类	套筒	1	56		组装底座	2
27		调整环	1	57	工具	双头扳手 12×14	1
28		调整垫片	1	58		双头扳手 10×12	1
29		轴端压板	1	59		挡圈钳	1
30		锥齿轮轴用套环	1	60		3 寸起子	1

（2）装配工具：双头扳手 12×14 及 10×12、挡圈钳、3 寸螺丝刀（以上为实验箱附件）。钢板尺（300 mm）、游标卡尺（200 mm）、内外卡钳、铅笔、三角板等。

6.3.3 实验内容与实验步骤

（1）根据表 6－2 选择安排每组的实验题号。

表 6－2 轴系结构设计实验题号及内容

实验题号	已知条件				
	齿轮类型	载荷	转速	其他条件	示意图
1	小直齿轮	轻	低		60 60 70
2		中	高		
3	大直齿轮	中	低		
4		重	中		
5	小斜齿轮	轻	中		60 60 70
6		中	高		
7	大斜齿轮	中	中		
8		重	低		
9	小锥齿轮	轻	低	锥齿轮轴	70 82 30
10		中	高	锥齿轮与轴分开	
11	蜗杆	轻	低	发热量小	l
12		重	中	发热量大	

（2）构思轴系结构方案。

① 根据齿轮受力特点选择滚动轴承型号。

② 确定轴承组合的轴向固定方式（两端固定或一端固定另一端游动，正装或反装）。

③ 根据齿轮圆周速度（高、中、低）确定轴承的润滑方式（脂润滑、油润滑）及甩油、挡油措施。

④ 选择端盖形式（凸缘式、嵌入式），并考虑透盖处的密封方式（毡圈、皮碗油封、油沟）。

⑤ 确定轴上零件的定位和固定、轴承间隙及轴系位置的调整方法等问题。

⑥ 绘制轴系结构方案示意图。

（3）从实验箱中选取零部件。组装成轴系结构，并检查所设计组装的轴系结构是否正确。

（4）绘制轴系结构草图。

（5）测量轴系主要装配尺寸和零件的主要结构尺寸，并作好记录。

（6）拆卸后,将所有零部件放入实验箱内的规定位置,交还所借工具。

（7）根据草图及测量数据,在 3 号图纸上用1∶1 的比例绘制轴系装配图,要求装配关系表达正确,标注必要尺寸(如支承跨距、主要配合尺寸及配合标注、齿轮顶圆直径与宽度等),填写标题栏及明细表。

（8）书写实验报告。

6.3.4　实验报告要求

（1）画出轴系结构方案示意图。

（2）填写主要零件尺寸表。

（3）写出主要零件作用和选择依据。

（4）绘制轴系结构装配图。

（5）思考题:

① 轴承内外环是采取什么方法固定的,轴承部件采用哪种固定方法?

② 轴承间隙如何调整,轴向力是通过哪些零件传递到支座上的?

③ 你所设计装拆的轴系中,轴的各段长度和直径是根据什么来确定的?

④ 提高轴系的回转精度和运转效率,可采取哪几个方面的措施来解决?

6.3.5　实验报告式样

轴系结构设计实验报告

专业班级:＿＿＿＿＿＿　姓名:＿＿＿＿＿＿　学号:＿＿＿＿＿＿　同组人:＿＿＿＿＿＿

日期:＿＿＿＿＿＿　指导教师:＿＿＿＿＿＿　成绩:＿＿＿＿＿＿

1. 实验设备名称、型号

设备名称	型　号

2. 填写实验题号、已知条件及轴系结构方案示意图

实验题号	已知条件				
	齿轮类型	载　荷	转　速	其他条件	示意图

3. 画出轴系结构装配图

用 A3 图纸绘制

4. 轴系结构设计说明（如轴承型号选择、轴承的组合设计安装及调整、轴上零件的定位与固定、端盖选择、润滑与密封方法等）

5. 思考题及心得体会

6.4　慧鱼模型创新设计实验

6.4.1　实验目的

（1）认识了解机器的一般构成原理。
（2）了解所组装的机器模型的工作原理，以及在工业中的实际用途。
（3）加深对机械传动、计算机控制和机电一体化装置的感性认识。
（4）锻炼动手和协作能力，培养逻辑思维和开拓创新的意识。

6.4.2　实验设备及工具

（1）慧鱼模型组合包若干套。
（2）慧鱼专用电源两套。
（3）电子计算机及打印机。
（4）LLWin 专用软件一套。
（5）A 型接口电路板和 B 型接口电路板各一块。

6.4.3　实验原理

1. 慧鱼创意组合模型系统主要构件
（1）机械元件。主要包括齿轮、连杆、链条、履带、齿轴、齿条、蜗轮、蜗杆、凸轮、弹簧、曲轴、万向节、差速器、齿轮箱、铰链等，如图 6 – 9 所示。

系统提供的构件主料均采用优质的尼龙塑胶，辅件为不锈钢、铝合金。拼接体装配结构采用工业燕尾槽插接方式连接，可实现六面拼接，反复拆装，无限扩充，如图 6 – 10 所示。

图 6 – 9　机械元件

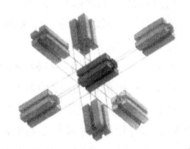

图 6 – 10　六面可拼接体

（2）电子电气元件。主要包括直流电机（9 V 双向），红外线发射接收装置、传感器（光敏、热敏、磁敏、触敏），发光器件，电磁气阀，接口电路板，可调直流变压器等（9 V，1 A，带短路保护功能）。如图 6 – 11 所示。

直流电机：由于模型系统需求功率比较低（系统载荷小，需求功率只克服传动中的摩擦阻力），所以它兼顾驱动和控制两种功能。

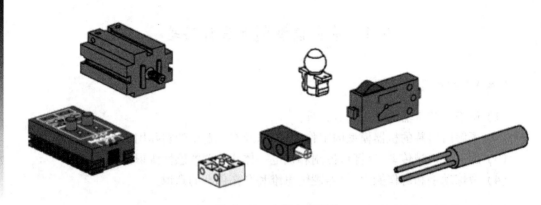

图 6 – 11　电子电气元件

传感器：传感器作为一种"感应"元件，可以将物理量的变化转化成电信号，作为输入信号给计算机，经过计算机处理，达到控制执行元件的目的。在搭接模型时，可以把传感器提供的信息（如亮/暗、通/断，温度值等）通过接口板传给计算机。系统提供的传感器作为控制系统的输入信号包括以下几种。

① 接触式传感器（如图 6 – 12 所示）。当红色按钮按下，接触点 1,3 接通，同时接触点 1,2 断开，所以有常开和常闭两种使用方法。常开：使用接触点 1,3,按下按钮 = 导通；松开按钮 = 断开。常闭：使用接触点 1,2,按下按钮 = 断开；松开按钮 = 导通。

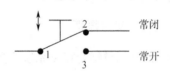

图 6 – 12　接触式传感器工作原理图

② 光敏传感器：对亮度有反应，可和聚焦灯泡配合使用，当有光（或无光）照在上面时，光电管产生不同的电阻值，引发不同信号。

③ 负温度系数的热敏传感器：亦可称为温度传感器，可测量温度，温度20°时，电阻值 1.5 kΩ，随着外界温度的升高，传感器阻值下降。

④ 磁性传感器：非触性开关。

⑤ 超声波距离传感器：反映传感器与障碍物的距离，最远测量距离约为 4 m,相应的检测数值以 cm 为单位在程序检测界面显示。

⑥ 颜色传感器：不同颜色表面的反射光波长不同。以 0 ~ 10 V 电压的形式输出。反射光的强弱与环境光、物体表面的粗糙程度以及物体与传感器的距离等因素有关。

⑦ 踪迹传感器：可以寻找到白色表面的黑色轨道（传感器距检测表面应为 5 ~ 30 mm）。它包含两个发射和两个接收装置,连接该传感器你需要有两个数字量输入端和 9 V 电源端。

接口板（如图 6 – 13 所示）：自带微处理器，程序可在线和下载操作，用 LLWin 或高级语言编程，通过 RS232 串口与计算机连接，四路马达输出，八路数字信号输入，二路模拟信号输入,具有断电保护功能,两接口板级联实现输入输出信号加倍。

PLC 接口板：实现电平转换，直接与 PLC 相连。智能接口板自带微处理器,通过串口和计算机相连。在计算机上编的程序可以移植到接口板的微处理器上,它可以不用计算机独立处理程序(在激活模式下)。

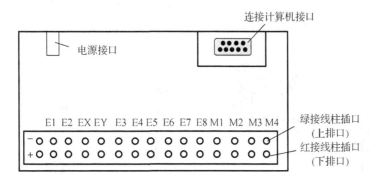

图 6-13 智能接口板

(3) 气动元件。主要包括气缸、气阀(手动、电磁阀)、气管、管接头(三通、四通)、气泵、储气罐等。如图 6-14 所示。

图 6-14 气动元件

气缸作为执行机构,气缸中的空气可以被压缩,压缩得越大,气缸内的压强越大。压强单位是"帕"或"帕斯卡",压强的计算公式为

$$压强 = \frac{压力}{面积} \quad \left(P = \frac{F}{A} \right)$$

气动活塞运动原理如图 6-15 所示。

活塞 C 可以在封闭的气缸壁 E 中运动——当 A 口开进气,B 口开出气时,活塞杆 D 右移;A 口开出气,B 口开进气时,活塞杆 D 左移。

压缩机由三部分组成:电动机、空气压缩气缸、储气罐。

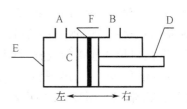

图 6-15 双动气缸

A,B—进出气口,可与气管连接;
C,D—活塞、活塞杆(活塞与活塞杆连接);E,F—气缸壁、密封圈

电动机带动曲柄轴转动,活塞杆与曲柄轴连接,使电动机的周转运动转变为活塞杆做左右往复运动。活塞杆向右运动时,A 口吸入空气,当活塞杆向左运动时,使压缩空气压入储气罐。

手动切换阀如图 6-16 所示,这种阀有 4 个接头。中间的接头(P)是进气口,左右两个接头(A 和 B)则用气管接到气缸。下面的接头(R)是放气口,用来释放从气缸回来的气体。这种阀还有三个切换位置(左—中—右),在气动学中,称之为四通三位阀。图 6-17 示意了在不同开关的位置进气阀的回路。

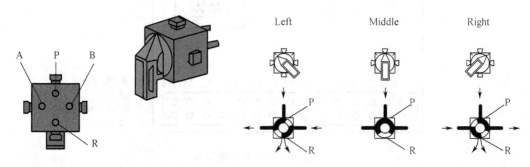

图 6-16 手动切换阀   图 6-17 进气阀的回路图

2. 慧鱼创意模型系统 LLWin 软件

LLWin 是慧鱼创意模型系统的专用图形编程软件,可实现实时控制。用 PLC 控制器控制模型时,采用梯形图编程。其编辑程序的最大特点是使用系统提供的工具箱中的功能模块就可以建立控制程序。模型可用计算机、PLC 或单片机对其进行控制。

编程前必须连接好接口板,检查硬件连接是否正确。为了确保计算机与接口板之间连接准确,在软件中设置了接口板检查(Check Interface)命令,出现如图 6-18 所示窗口。窗口显示了在接口板上可用的输入输出端口,下面的绿条指示接口板与计算机之间的连接状态:

Simulation mode——定义接口板未选择计算机端口,模拟状态;No connection to interface——没有准确连接,状态条变红;Connection to interface OK——已可靠连接。为了改变接口板和连接的设置,点击菜单"Settings-setup-Interface",出现窗口,在"port"选择计算机端口 COM1 或 COM2。如果选择"None",系统在模拟状态。

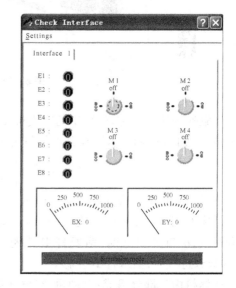

图 6-18 接口板检查窗口

正确连接后,可用"Check Interface"来检查接口板和所连接的模型状态。

E1~E8 是数字量(指 0 或 1 状态)输入端口,EX,EY 是模拟量输入端口。传感器连接在输入端口,如按钮、开关、光电三极管等。

接口板的输出是 M1~M4,执行机构就在上面,如电动机、电磁铁和灯等。

LLWin 软件是一个能够创建、测试控制程序的功能强大的工具,可编程模块化,在功能模块工具箱中有功能模块 18 个,如图 6 – 19 所示。

① Output——输出模块。插入该功能模块时,应从"Type"对话框中选择显示对应的图标。在"Action"中选择希望的输出状态。

② Input——输入模块。插入该功能模块时,应从"Type"对话框中选择显示的对应图标。在"Branch to the right at"中选择希望的输入状态。

③ Edge——脉冲模块。在 Edge 对话框中,设置程序等待的输入量 E1 ~ E8 的触发类型。

④ Position——定位模块。定位功能模块常用来驱动马达到一个指定的值。在启动马达时,通过一个由脉冲齿轮触动的开关来计数,当达到设定值时,马达停止。若要将计数器重置为 0 时,可使用"Assignment"赋值模块输入方程 Z1 = 0 即可。

图 6 – 19 功能模块示意图

⑤ Start——开始模块。每一个流程图都应有一个 Start 功能模块,而且不同的流程图同时开始。

⑥ End——结束模块。如果一个流程结束,在程序中可将最后一个模块的输出端口与结束模块相连。在流程中有可能构成一个循环,不包括结束模块也可。

⑦ Reset——复位模块。复位模块的功能是当满足对话框的条件时,复位模块将项目的步骤复位从头开始。该模块放于程序的表面,不用画线与其他模块相连。在一个项目中,只可以使用一次复位模块。

⑧ Emergency Stop——急停模块。急停模块用来关闭接口板上所有输出端口。该模块放于程序的表面,也不用画线与其他模块相连。在一个项目中,也只可以使用一次急停模块。

⑨ Terminal——终端模块。终端模块用于在程序运行时显示及输入特定值。该模块也放置于程序表面,不与其他模块相连。

⑩ Display——显示模块。显示功能模块用来在 Terminal 终端模块的两个显示窗口中显示数据值、变量或输入端口 EX ~ EY 或 EA ~ ED。当插入模块时,在功能模块的对话框中选择使用窗口 DS1 或 DS2,及要在其中显示的数据。

⑪ Message——信息模块。信息功能模块能在 Terminal 终端模块文本框中显示最长为 17 个字符的信息。当插入信息模块时,在对话框中输入文字并设置信息显示时的颜色。

⑫ Show Values——显示值模块。当程序在 Online 联机的模式下运行时,此模块显示变量的当前值。此模块被放于程序表面,未与其他模块连接。

⑬ Variable——变量 ±1 模块。使用变量 ±1 功能模块可以给变量值加 1 或减 1。

⑭ Assignment——赋值模块。使用赋值功能模块能够对 Var1 ~ Var99 及 Z1 ~ Z16 赋值。

⑮ Compare——比较模块。在对话框中"Condition"条件框内中输入比较的条件,条

件一般以方程式形式输入,如:Var1 = 2。可点击对话框"Help for Edit"中的符号写方程,方程式最长为 40 个字符。在"Branch to the right"框中选择流程分支的输出端口,由是否满足条件决定。"1"——满足条件;"0"——不满足条件。

⑯ Beep——发音模块。发音功能模块是通过电脑扬声器发出声音信号。音量大小及持续时间可在对话框中设定。

⑰ Wait——延时模块。延时模块是在程序中设定延迟时间长短的功能模块。当程序步骤到达 Wait 延时模块时,时间延迟,然后再执行程序的下一步。

⑱ Text——文本模块。文本模块的功能是在程序的某些地方加注释,可放在工作界面的任何地方。

6.4.4　实验步骤

(1)机器模型设计。自行设计一种机器的模型,要求了解所设计机器的工作原理,绘制详细的结构图并讨论方案的可行性。

(2)准备工作。领取所设计机器的实验模型零部件和装配手册,按照手册清点零件种类及数量,认真阅读装配说明书。

(3)机械装配。按照装配说明书上所示的步骤进行组装,注意每安装一个零部件都需要进行验证,以确保安装的正确性,直到机械全部安装结束。

(4)控制电路安装。首先,按照说明书中的要求,将电线按规定长度剪开,接上插头(注意线和插头的颜色应一一对应),然后按照各模块类型的布线图接好电路。

(5)控制接口板安装。将控制接口部件按照要求连接在计算机上,然后将控制接口部件接通电源(9 V 变压器或电池盒电源),并用数据线将其与计算机的串行口相连(建议用 COM1)。

启动 LLWin 应用软件(注意,工业机器人和移动机器人使用 LLWin3.0 版本,计算机中的常用机构模型使用 LLWin2.1 版本,气动机器人使用专用的气动机器人程序),在 LLWin 界面的工具栏中选择"Check Interface"项,逐一测试各项输入(开关、传感器等)和输出(马达、灯、电磁铁等),确保其正常工作。

(6)编制控制程序。控制程序可直接使用 LLWin 软件中提供的程序示例,也可自行编制。用程序控制创意模块运行的方式有两种:在线控制和下载控制。

① 在线控制:将控制板接上电源和数据线,打开需要的程序,选择主菜单中的"Run"命令,点击"Start"开始运行程序,即可实现以计算机直接控制机器模型的在线控制模式。

② 下载控制:将控制板接好电源及数据线,打开需要的程序,选择工具栏中"Down-Load",开始将程序写入控制板上的 RAM。下载完成后拔出数据线,即实现自动控制的下载控制模式。

(7)调试和模拟运行。

6.4.5　实验注意事项

(1)保管好每一个零件,尤其是细小零件,以免丢失。

(2)组装机器的过程中,应认真观察零件的安装方法,切勿强行装拆,以免塑料件产生断裂或变形。

（3）在电路安装完成后,应反复检查确定安装正确后才能通电。

6.4.6 实验报告要求

（1）写出组装模型的名称并详细绘制组装模型的结构图。

（2）简述组装模型的工作原理并讨论组装方案的可行性。

（3）编写组装模型运行的程序。

（4）思考题:

① 在模型调试过程中,熟知了哪些知识,有何体会?

② 组装模型的主要构件有哪些,有何作用,选择依据是什么?

6.4.7 附录:主要培训模型介绍

（1）16286/16286A/96787 三自由度机械手,如图 6-20 所示。

三轴机器人带手臂夹子,四个直流马达,可在 9 V 或 24 V 下工作,四个限位开关,四个脉冲计数器,模型定位在稳定的木板上。机械手可在三个自由度移动并可夹取工件,最适合与带传送带的冲床、双工作台流水线、气动加工中心连接。

自由度:轴 1,180 度;轴 2,前进或后退 100 mm;轴 3,160 mm 的升降。

系统组成:旋转底盘 1 个、支架 1 个、机械臂 1 个和夹爪 1 副。

图 6-20 三自由度机械手

包装尺寸/mm	构 件	齿轮箱	小功率马达	大功率马达	接触开关	所需附件
385×270×350	成品模型	2	2	2	8	9 V 开关电源 1 个

（2）51663/51663A/96785 带传送带的冲床,如图 6-21 所示。

模型由两个直流马达,两个终端开关,两个光电感应器（由光电晶体管和透镜灯组成）组成,模型组装在 fischertechnik 底板上。模型可由 9 V 直流或 24 V 直流变压器供电。最适合与 3D 机器人连接。

系统组成:1 个加工装置、1 条传送带。

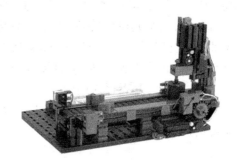

图 6-21 带传送带的冲床

包装尺寸/mm	构　件	发光管	接触开关
280×215×185	成品模型	2	2
马达	齿轮箱	光敏传感器	所需附件
2	2	2	9 V 开关电源 1 个

（3）51664/51664A/96790 双工作台操作流水线,如图 6-22 所示。

模型由双工作台,四条传送带(U 形排列),八个直流马达,四个终端开关,五个光电感应器(由光电晶体管和透镜灯泡组成)组成,模型组装在木板上。模型规格(长×宽×高)为450 mm×410 mm×190 mm。模型可由 9 V 直流或 24 V 直流变压器供电。最适合与 3D 机器人连接。

图 6-22　双工作台流水线

系统组成:2 个加工单元、4 条传送带(U 形排列)、2 个推料装置。

包装尺寸/mm	构　件	齿轮箱	马　达	大功率马达
450×410×190	成品模型	8	8	1
接触开关	磁敏传感器	光敏传感器	发光管	所需附件
4	1	5	5	9 V 开关电源 2 个

（4）77577/77577A/96792 气动加工中心,如图 6-23 所示。

模型由一个料仓,一个旋转工作台,一条传送带,一套气体压缩装置,三个气缸,两个直流马达,两个光电传感器,九个接触传感器组成,模型组装在 fischertechnik 底板上,模型可由 9 V 直流或 24 V 直流变压器供电。最适合与 3D 机器人连接。

系统组成:一个料仓、一个旋转工作台、一条传送带、一套气体压缩装置。

图 6-23　气动加工中心

包装尺寸/mm	构　件	齿轮箱	马　达	光敏传感器
$450 \times 410 \times 190$	成品模型	1	2	2
接触开关	气缸	发光管	所需附件	工作气压
9	3	2	9 V 开关电源 2 个	$0.5\ \mathrm{bar}(p_{max} = 0.7\ \mathrm{bar})$

6.4.8　实验报告式样

慧鱼模型创新设计实验报告

专业班级：＿＿＿＿＿＿　姓名：＿＿＿＿＿＿　学号：＿＿＿＿＿＿　同组人：＿＿＿＿＿＿

日期：＿＿＿＿＿＿　指导教师：＿＿＿＿＿＿　成绩：＿＿＿＿＿＿

1. 填写组装模型的名称、绘制组装模型的结构图

组装模型的名称	绘制组装模型的结构图（用 A3 图纸绘制）

2. 简述组装模型的工作原理并讨论组装方案的可行性

3. 编写组装模型运行的程序

4.思考题及心得体会

第 7 章　机械基础教学展示中心

7.1　教学目标

（1）通过对机械系统设计的展示，同时与机械基础理论课程体系和教学内容改革协调配合，着重培养学生的创新思维，开发创新潜能，使学生掌握创新设计的基本方法，从而提高学生的机械系统创新设计能力。

（2）通过机械基础模型、机构运动方案及典型机械系统结构功能的展示，使学生了解机械的组成，获得机构方案的拟订。加深对机械系统结构的感性认识，并培养学生分析问题的能力以及从具体结构抽象出机械的本质特征的能力。

（3）通过现代机构、现代机械零部件及机械系统创新设计实例的展示，使学生进一步了解机械的结构组成，得到初步的创新设计构造的思维启迪，使学生把所学理论知识与实际机械系统有机结合起来，挖掘学生设计、研究、开发新型机械产品的潜能。

7.2　展示内容

7.2.1　机械原理部分

该部分的展示内容涉及连杆机构及演化、间隙机构、凸轮机构、组合机构、齿轮机构和轮系等的实物和模型。详细内容如下。

实物陈放在带有玻璃窗的展柜中，学生可以取出观察、研究。模型安装在 10 块电动展柜中，展柜可以上下升降。每一种机构模型都由小型电机带动，可自由转动，形象、生动、直观，并配有电脑控制，CD 语音同步解说，同学在观察每一种机构运动的同时，还可以听到对这些机构的工作原理、运动情况及特点的介绍。第一版面通过对一些简单机器如单缸柴油机、蒸汽机、家用缝纫机等的介绍，简要总结了机器与机构的基本概念，即由几个机构按照一定的运动要求互相配合就组成了一部完整的机器。在这一版面中还同时展示了如球面副、螺旋副、曲面副、回转副、移动副等各种不同类型的运动副实物和模型。第二版面主要介绍平面四连杆机

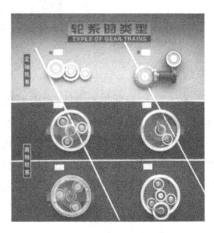

图 7 - 1　轮系的类型

构的基本知识,通过对几种不同类型的平面四连杆机构的展示,总结出了它的一些基本运动特性(如急回运动、急转运动、死点等),同时也可帮助同学分析、理解如曲柄存在条件等基本概念。第三版面展示了平面四连杆机构的一些典型的实例,如泵、飞剪、压包机、铸造造型翻转机、电影升降机、港口起重机等,使同学对平面四连杆机构的实际应用有初步的认识。第四版面以凸轮机构为主要对象,展示了凸轮的组成、凸轮及其从动件的不同结构型式,实际所应用的范围等。第五版面和第六版面主要介绍齿轮的基本知识(如齿轮的各部分名称、基本参数)及各种齿轮机构的类型、结构、特点、功用等,通过参观学习,会对齿轮有一个全面的了解。后面几个版面主要展示了轮系、组合机构及空间连杆机构等,通过对这些机构的介绍,使同学了解怎样把单一机构组合起来,实现更复杂的运动形式。总之,经过上述这些内容的展示和介绍,会使学生对机械(机构)的运动原理、组成原理等有一个较为深刻和全面的认识,起到了帮助学生理解理论问题的作用。

7.2.2　机械零件部分

该部分内容涉及螺纹连接、键和销连接、带传动、链传动、齿轮传动、蜗杆传动以及各类连接件、传动件、支撑件、密封件和装配工艺。

图 7 – 2　螺纹连接的应用

有大量实际零部件实物和模型供参观学习,其中选用了多种类型尺寸的齿轮、蜗轮、蜗杆、滚动轴承、带、链条、弹簧、螺栓、联轴器及典型的各种轴系结构等。另外也展出一些简单或典型的机器,如减速机、插齿机、牛头刨床、颚式破碎机、家用缝纫机、电脑打字机、液压千斤顶等。用它们来说明机械零部件的实际功用。学生参观学习后,能大大扩展视野,使理论与实践紧密地结合,为以后的学习或工作奠定了一个坚实的基础。

7.2.3　减速器部分

各种类型的一级和二级减速器。

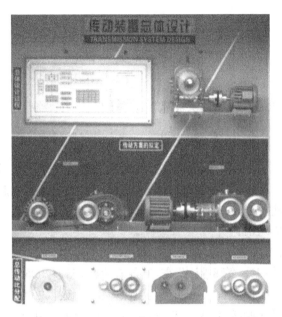

图 7 - 3　传动装置总体设计

7.2.4　其他展示内容

展示中心除了上述展示内容之外,还有大量的力学拉伸、压缩、扭转、弯曲和剪切等试样和样件;各种刀具实物和模型;公差与配合陈列柜;金属工艺学陈列柜;材料晶体结构模型等。这些展示内容可供学生参观和研究之用。

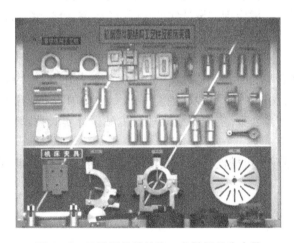

图 7 - 4　机械零件的结构工艺性及机床夹具

参 考 文 献

[1] 胡宏佳. 机械原理与机械设计实验教学改革的探索与实践[J]. 实验室研究与探索，2010,29(7):233－235.

[2] 刘鸿文. 材料力学[M]. 第4版. 北京:高等教育出版社,2006.

[3] 孟凡弘,韩刚,周涛. 工程力学[M]. 哈尔滨:东北林业大学出版社,2007.

[4] 刘鸿文,吕荣坤. 材料力学实验[M]. 第2版. 北京:高等教育出版社,1998.

[5] 王世刚. 应用型机械类专业实验课程创新教学平台的构建[J]. 实验室研究与探索，2010,29(7):197－200.

[6] 孙恒. 机械原理[M]. 第7版. 北京:高等教育出版社,2006.

[7] 濮良贵. 机械设计[M]. 第8版. 北京:高等教育出版社,2006.

[8] 张策. 机械原理与机械设计[M]. 北京:机械工业出版社,2004.

[9] 张传华. 机械基础实验教程[M]. 北京:高等教育出版社,2005.

[10] 朱文坚. 机械基础实验教程[M]. 北京:科学出版社,2005.

[11] 潘凤章,沈兆光. 机械原理与机械设计实验教程[M]. 天津:天津大学出版社,2006.

[12] 王旭. 机械原理实验教训[M]. 济南:山东大学出版社,2006.

[13] 钱向勇. 机械原理与机械设计实验指导书[M]. 杭州:浙江大学出版社,2005.

[14] 陈秀宁. 现代机械工程基础实验教程[M]. 北京:高等教育出版社,2002.

[15] 管伯良. 机械基础实验[M]. 上海:东华大学出版社,2005.

[16] 王世刚,胡宏佳. 机械原理与设计实验[M]. 哈尔滨:哈尔滨工程大学出版社,2004.

[17] 奚鹰. 机械基础实验教程[M]. 武汉:武汉理工大学出版社,2005.

[18] 王守宇. 机械原理多媒体教学系统[M]. 西安:西安电子科技大学出版社,2007.

[19] 郑文纬. 机械原理实验指导书[M]. 北京:高等教育出版社,1989.

[20] 王世刚,王树材. 机械设计实践与创新[M]. 北京:国防工业出版社,2009.

[21] 杨昂岳,毛笠泓,夏宏玉. 实用机械原理与机械设计实验技术[M]. 长沙:国防科技大学出版社,2009.

[22] 翁海珊. 机械原理与机械设计课程实践教学选题汇编[M]. 北京:高等教育出版社,2008.